懷孕健康月子餐

34 道懷孕初期調養菜餚 X 50 道月子餐滋補料理

鄭至耀 著

孕婦必知的
懷孕初期知識和坐月子致勝關鍵！
為女人量身打造

推薦序

　　「坐月子」是中華文化裡值得推崇的精髓之一，在過去的農業社會中，一般普羅大眾除了節慶祭典外，平日很難有機會補充到足夠的肉食，也因此女性在孕期極容易貧血、養份不足，以孕育一次生命來説，懷孕後隨著胎兒的出生，生產過程中母體會多量出血一次；產後 42 天的子宮復原期，又因惡露排出，持續出血；月子期哺餵母乳，又必須每天耗損大量高濃度的養份。從這裡我們知道，孕育孩子真的是特別不容易的一件事！在生產後以強健母體、補充耗損為重點，給予母體足夠且特別的食材調養，就顯得尤為重要，不但能照顧媽媽的健康，也兼顧到嬰兒發育的營養需求，所以説「養胎」、「坐月子」的習俗，是博大精深的中華文化中，值得珍惜推崇的老祖宗智慧，應推廣、造福全世界的婦女。

　　隨著時代的進步，在現今社會幾乎已衣食無缺的情況下，營養匱乏已經不再是問題，若現代人在孕期及產後攝取過量且不均衡的養份，反而對健康有害，坐月子反而在養胖子！因此孕期前後的飲食規劃和餐食料理就相當重要，這本料理書，是懷孕初期及月子餐料理的精華版，不但講究食材營養，在烹調美學上，無論色彩、味道，都有極高境界的藝術講究。我以婦產科行醫三十年的經驗，翻閱過不少月子料理書，看到鄭至耀先生這本書，如同發現一顆璀璨發亮的珍珠，不但自己愛不釋手，且迫不及待地，想立刻推薦給所有的孕媽！

愛麗生集團總裁

潘俊亨 院長推薦

作者序

　　懷胎十月是女人一輩子最牽腸掛肚的時候，從懷孕初期到後期，每個階段需要的營養都不相同，有時噁心、有時食慾大發，又得兼顧一人吃兩人補的原則，確實是一段最需要關照、呵護的時刻。

　　雖然我無法親身經歷孕期前後的甘苦，但身邊總有親朋好友、支持我的讀者詢問孕期飲食的菜單，不外乎是覺得營養搭配規則太多，即使知道要吃什麼，怎麼配得好吃、美味又是另一回事，於是特別希望能藉著我多年的廚藝經驗，以孕期各階段適合的食材，搭配出既營養又美味的料理組合。

　　除了孕期飲食，直到順利生產，為了哺育幼兒、恢復體力，坐月子期間的飲食調養亦不可輕忽，此時最常聽見的困擾不外乎是傳統坐月子飲食的單調、油膩、燥熱，令媽媽們難以下嚥，加上又得開始顧小孩，需耗費更多心神體力，不禁讓人期待，坐月子期間能有美味又營養的餐點。

　　為了女人最重要的 12 個月，我集結了這些年來為新手媽媽們設計的食譜，最大的期盼，就是每位準媽媽們都能在這些食譜中，滿足自己的脾胃，同時也提供孩子完整的營養。

　　我相信，均衡而美味的飲食，能讓人在身心靈面都感到滿足喜悅，這份囊括懷孕初期、坐月子調養期各階段完整規劃的食譜，就是期待能讓更多辛苦的媽媽們，能在一日三餐中，好好犒賞自己的努力與愛，感謝幫忙拍攝的鄭佳豪、楊詩庭、謝富強、張宏甲同學，也希望這份食譜能養育出更多健康、活潑的未來主人翁。

作者謹識　鄭至耀

前言

PART 1 第一單元

懷孕初期

PART 2 第二單元

月子餐

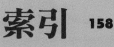

索引　

孕事知多少？

懷孕的前三個月是非常重要的階段，這個階段細胞會以驚人的速度分裂，形成寶寶的各種重要器官，在這個階段中，產婦需要均衡的飲食，補充基本的蛋白質、礦物質、維生素，這些營養素對寶寶日後的發育有非常關鍵的影響。

1 葉酸

食物攝取來源

- 綠葉蔬菜：如菠菜、蘆筍、地瓜葉、高麗菜、綠花椰菜、龍鬚菜、小白菜、扁豆等。
- 新鮮水果：如橘子、草莓、櫻桃、香蕉、檸檬、梨等。
- 肉類食品：如雞肉、牛肉、羊肉、動物肝臟。
- 堅果類：如核桃、腰果、榛果等。
- 穀物：如小麥胚芽、糙米等。
- 高葉酸食材：如菠菜、毛豆、茼蒿。
- 另外也推薦如紅蘿蔔、豆類、菇類、聖女番茄等食品。

本書推薦菜品

柴魚龍鬚菜 P.18	蘆筍羊肉片 P.26
蜜漬聖女番茄 P.20	水手豬肝 P.28
榛果雞柳 P.22	胡麻雞絲捲 P.30
拌毛豆杏鮑菇 P.24	什錦野菇糙米飯 P.32

2 蛋白質

食物攝取來源

- 交叉食用雞、牛、豬、魚等肉類，也可搭配攝取蛋、奶、豆類、豆製品，上述都是非常好的蛋白質來源。
- 肉類食品：雞肉、牛肉、豬肉、魚肉。
- 高蛋白質食材：雞蛋。

本書推薦菜品

優格時蔬水果沙拉 P.34

雞茸蒸蛋 P.36

豆酥鮮蚵四季豆 P.38

橙汁里肌捲 P.40

打拋牛肉 P.42

鮭魚豆腐盒 P.44

3 鈣質

食物攝取來源

- 含鈣量高的蔬菜，如芥蘭菜、莧菜、綠豆芽，而牛奶、優酪乳、乳製品、小魚乾、帶骨魚罐頭、牡蠣、豆腐、豆干、豆漿、豆製品、紫菜、芝麻、乾果類也是不錯的營養來源。
- 綠葉蔬菜：芥蘭菜、莧菜、綠豆芽。
- 高鈣質食材：芥蘭菜、芝麻、牛奶。

本書推薦菜品

銀魚莧菜　P.46	
和風牡蠣如意菜　P.48	
堅果豆干骰子　P.50	
醋拌芥藍　P.52	

4 鐵質

食物攝取來源

- 柴魚片、髮菜、紫菜、貝類、肝臟、瘦肉、紅肉、蛋黃、全穀類、豆類、黑芝麻、紅棗，深綠色蔬菜可從莧菜、菠菜等食物中攝取，或是深色水果，如葡萄、蘋果與櫻桃等。
- 新鮮水果：蘋果、葡萄、櫻桃。
- 高鐵質食材：鵝肉、鴨肉、枸杞。

本書推薦菜品

| 意式白酒淡菜 P.54 | 五味九孔鮑 P.56 | 蛋黃蘋果菠菜 P.58 |
| 松子牛肉鬆 P.62 | 焦糖蘋果鵝肝 P.64 | 髮菜帆立貝 P.68 |

5 碘

食物攝取來源

- 海藻、紫菜、海帶（別名昆布）、海魚、菠菜等。
- 綠葉蔬菜：菠菜。

本書推薦菜品

拌昆布絲 P.70	
昆布柴魚佃煮 P.72	
海藻鮭魚湯 P.74	
紫菜炒蝦仁 P.76	

害喜現象

孕婦最會產生害喜現象的時段約在懷孕初期至懷孕 12 週，維生素 B_6 和豐富的食物來源可改善害喜症狀。

採少量多餐的方式進食，並盡量選擇好消化的食物，以不油、不膩、不過鹹為主要的飲食原則，可食用帶有酸甜口感的飲品和食物，正常攝取雞肉、五穀根莖類、糙米及其他全麥穀類、豆類、蛋類改善症狀，蔬菜部份推薦食用高麗菜、青花菜、花椰菜、菠菜；水果部份推薦香蕉、酪梨、芒果、番茄等，上述食物都是維生素 B_6 良好的飲食來源，食用時注意均衡攝取，不可失衡。

本書推薦菜品

| 松子牛肉鬆 P.62 | 焦糖蘋果鵝肝 P.64 | 髮菜帆立貝 P.68 |
| 紅藜酪梨沙拉 P.78 | 紅藜海鮮沙拉 P.80 | 刺蝟雞肉丸子 P.84 |

感受生命的跳動，分享新生的喜悦

懷孕週數 第 1 週 ~ 第 4 週	懷孕月數 第一個月

懷孕第一個月需均衡攝取營養，包括：優質蛋白質、碳水化合物、脂肪、礦物質、維生素、葉酸、鐵、鋅。蛋白質來源主要包括：奶類、蛋類、魚類、肉類。懷孕期間都盡量不要「生食」，食材生食會有衛生隱憂，避開生魚片、非全熟的肉類、蛋製品、沙拉等料理，準媽媽如果嘴饞可採用手做的方式，少量進食，生菜務必完全洗淨才可食用。

第一個月結束前，胚胎約只有 1 ~ 2.5 毫米的長度，在這個階段胚胎細胞將會以驚人的速度分裂，形成寶寶的大腦、神經等重要器官。

懷孕週數 第 5 週 ~ 第 8 週	懷孕月數 第二個月

維生素是胚胎生長發育絕對必需的物質，特別是葉酸、維生素 A、維生素 B 群、維生素 C，新鮮的蔬菜、水果、穀物等，皆可提供各類維生素。建議每兩小時喝 1 杯水，讓體內帶有毒性的物質能及時從尿液中排出。

寶寶的各種器官均已悄悄形成，心臟開始規律的跳動，四肢在這個月開始成長，慢慢可以看出眼睛、耳朵、手腕、足踝的雛形，腦部開始快速發育，在第 8 週時，我們已經能清楚看到寶貝的縮影。

懷胎十月是女人一輩子最牽腸掛肚的時候，從懷孕初期到後期，每個階段需要的營養都不相同，有時噁心、有時食慾大發，又得兼顧一人吃兩人補的原則，確實是一段最需要關照、呵護的時刻。

懷孕週數 第 9 週 ~ 第 12 週	懷孕月數 第三個月

懷孕第三個月，建議攝取優質蛋白質、維生素、葉酸等營養素，如果因為害喜症狀嚴重不想碰葷腥，豆製品也是相當不錯的選擇，維生素 B_6 可以改善害喜症狀，選擇顏色深的綠葉蔬菜，蔬菜富含葉酸、葉綠素、胡蘿蔔素、維生素等，都是孕婦所需的重要營養素。

寶貝現在已經可以稱為「胎兒」了。進入懷孕第三個月後，眼睛、下頜、四肢、手指和腳趾都清晰可辨，並慢慢出現關節雛形，這個月的寶寶的已經可以在羊水中轉頭、吸吮拇指、踢腿、蜷縮腳趾，做一些簡單的動作了。

懷孕週數 第 13 週 ~ 第 16 週	懷孕月數 第四個月

營養必須均衡不可偏食，可攝取包含優質蛋白質、碳水化合物、礦物質、鋅、鈣、維生素等營養素。

寶寶現在已經完全成形，長出細細的胎毛，也會輕輕的打嗝，這是呼吸的徵兆，這個月的寶寶活動力大增，會在子宮裡做許多簡單的動作，但是因為發育還未完善，力氣太小，準媽咪可能沒辦法感受到明顯的胎動。

懷孕週數 第 17 週 ~ 第 20 週	懷孕月數 第五個月

用餐以少量多餐為原則，均衡攝取優質蛋白質、碳水化合物、脂肪、礦物質、維生素等，建議攝取芝麻、栗子、核桃等堅果類，牡蠣、雞肉等食品。

寶寶在這期間會迅速的成長，大腦會劃分專門的區域發育五感，寶寶會形成視網膜，對光線開始有反應，而此時如果有做產檢的話也應該可以大致分辨出寶寶的性別了！

懷孕週數 第 21 週 ～ 第 24 週	懷孕月數 第六個月

第六個月，可以在原本的飲實基礎上再補充適量的維生素及必須脂肪酸。建議攝取葡萄、柚子、橘子、鵝肝、鴨肝、豬腰、牛肉、菠菜、紅蘿蔔、花生、松子、核桃、冬瓜等，食物攝取要以均衡為原則，不可過量攝取某種營養素。

這個月的寶寶就像是一個迷你版的嬰兒，皮膚皺皺並呈現紅色，已經可以清楚的辨認出五官，聽力也有所發展，建議避免高壓的音樂，播放輕柔、抒情的音樂較為良好。

懷孕週數 第 25 週 ～ 第 28 週	懷孕月數 第七個月

不食用辛辣調料，準媽咪想吃的話也以少量為佳，堅持充分且均衡的攝取營養，豆類含有均衡的蛋白質、維生素、鐵和礦物質。保持心情愉快，均衡攝取瘦肉、魚、奶類、蛋類、 豆類等，多吃新鮮的蔬菜水果。

第七個月，這個階段的寶寶全身覆蓋一層細細的絨毛，可以張開眼睛、吸吮手指、踢腿，會自己嬉戲，力氣漸漸增強的他，胎動已經不會讓準媽咪們感受不到了，這個月可以開始了解分娩相關知識，為日後的生產做一些準備與了解。

懷孕週數	懷孕月數
第 29 週 ~ 第 32 週	第八個月

以少量多餐的方式進食,建議攝取優質蛋白質、碳水化合物、維生素、鐵、鈣、必須脂肪酸,準媽咪可以多喝骨頭湯,多吃芝麻、莧菜等,攝取時記得均衡攝取,可以與醫師做洽詢,避免營養不足或過量的情況發生。

第八個月,這時候的寶寶已經很大了,為了適應外在環境,寶貝的皮下脂肪漸漸形成,能夠清楚的看到指甲,也可以在羊水中活動,在這個階段建議每兩週產檢一次,了解生產體位,積極與醫生配合,可從這個月開始整理產後所需物品,將物資安排妥當。

懷孕週數	懷孕月數
第 33 週 ~ 第 36 週	第九個月

第九個月,本月的食物攝取以均衡飲食為主,避免寶寶過重或過輕,讓寶寶達到一個適當的體重,本月建議均勻攝取白米、小米、瘦肉、魚、豆製品、蛋、牛奶、綠色蔬菜、水果等,並且每天飲用 6 ~ 8 杯水。

這個月的寶寶漸漸發育成熟,呼吸、消化系統逐漸完善,皮下脂肪有調節體溫的作用,有助於寶貝適應外在環境,寶寶會越長越胖,不再是一開始皺巴巴的模樣,在這個階段建議每週產檢一次,依狀況即時調整體位,積極配合醫生,做好孕後吃穿用度的物資準備。

懷孕週數	懷孕月數
第 37 週 ~ 第 40 週	第十個月

第十個月,建議營養素為必需脂肪酸、維生素 B_1,必須脂肪酸可滿足胎兒大腦發育,維生素 B_1 可緩解分娩困難,本月應堅持少量多餐的飲食原則,均衡攝取所需營養素,避免單一營養素攝取過量。

寶寶如果是太空人,媽咪就是寶貝的太空裝,堅持 9 個月的妳終於來到這最後一步,小傢伙現在已經可稱為足月兒,這個月寶貝在任何時候都有可能出生,把預產期前後推兩週都是合理的時間,建議媽咪們清點所有需要物品,保持心情愉快,您和寶寶就要見面了!

PART

1

懷孕初期

懷孕的前三個月是非常重要的階段，產婦需要均衡的飲食，補充基本的蛋白質、礦物質、維生素，這些營養素對寶寶日後的發育有非常關鍵的影響。

本書食譜經常會以「勾芡」增加料理的美感與口感，在開始料理前我們先簡單了解勾芡的手法與注意事項。

本書中的勾芡、勾薄芡，意為加入適量太白粉水（或麵粉水）至料理中，翻炒均勻後食物表層會出現輕薄透明的芡汁，是為勾芡。

太白粉水勾芡比例：將太白粉及淨水以 1：1 混合均勻。

麵粉水勾芡比例：將麵粉及淨水以 1：1 混合均勻。

勾芡用量會依食材多寡而有所增減，加太多會太稠，太少則無感，建議初學者先加入少許，慢慢抓手感，培養對份量的敏感度。

懷孕初期推薦食譜／營養成分

龍鬚菜富含鐵質、鋅質及豐富的膳食纖維，是替代紅肉的優質選擇。

柴魚除了含有優質蛋白質，也富含像是維他命、鈣、磷、鉀、礦物質等營養素。

食材的營養成分

柴魚　蛋白質　維他命　鈣　磷　鉀　礦物質

龍鬚菜　鐵　鋅　膳食纖維

材料圖

材料		醬汁材料	
龍鬚菜	300g	橄欖油	50cc
柴魚片	適量	芥末籽	5g
蒜	5g	糖	3g
紅甜椒	5g	鹽	2g
黃甜椒	10g	粗黑胡椒粉	適量
		檸檬汁	30cc

作法

1 紅甜椒、蒜切末，黃甜椒切段。（圖 1 ～ 2）

2 龍鬚菜洗淨；燒開一鍋水，加入 2g 鹽（配方外），將龍鬚菜入鍋燙熟，黃甜椒絲略燙 5 ～ 10 秒，取出浸泡冰水降溫，降溫後濾乾。（圖 3 ～ 5）

3 將所有醬汁材料加入蒜末、紅甜椒末拌勻成醬汁。（圖 6）

4 以乾鍋小火炒香柴魚片。（圖 7）

5 龍鬚菜切段盛盤，放上黃甜椒絲，將調好醬汁淋上，再放上炒香的柴魚片即可。（圖 8 ～ 11）

懷孕初期推薦食譜╱營養成分

聖女番茄富含番茄紅素、維生素 A、維生素 C、蛋白質、胡蘿蔔素、鉀、礦物質、果酸等等營養素，是一種具有高營養價值的水果。

食材的營養成分

聖女番茄

維生素 A

維生素 C

蛋白質

胡蘿蔔素

鉀

礦物質

果酸

材料圖

材料		調味料	
聖女番茄	600g	糖	150g
白酸梅	30g	桂花醬	適量

作法

1 熱鍋放入適量沙拉油加熱至 230 度，將小番茄快速過油，讓番茄皮捲起變黃（或變白），速泡入冰水降溫，剝去番茄皮備用。（圖 1 ～ 4）

→ 也可用一鍋水以大火燒開，放入番茄煮至皮略開，再快速入冰水冷卻去皮，缺點為皮較為難去，番茄果肉較軟。

2 白酸梅加 800g 水（配方外）煮滾後轉小火，煮 15 ～ 20 分鐘後加入糖煮勻，放置冷卻。（圖 5 ～ 7）

3 加入剝皮後的小番茄、桂花醬（煮好的汁份量須泡過番茄），浸泡 6 小時即可食用。（圖 8 ～ 10）

→ 此菜品既營養又開胃，對孕婦食慾上有非常多幫助。

1　2　3　4　5

6　7　8　9　10

懷孕初期推薦食譜／營養成分

榛果富含蛋白質、胡蘿蔔素、醣類、多種維生素、鉀、磷、鈣、鐵。

《本草綱目》記載：雞肉「甘，溫，無毒。」；雞肉富含優質蛋白質、維生素 A、礦物質等營養素，是非常不錯的肉類選擇。

食材的營養成分

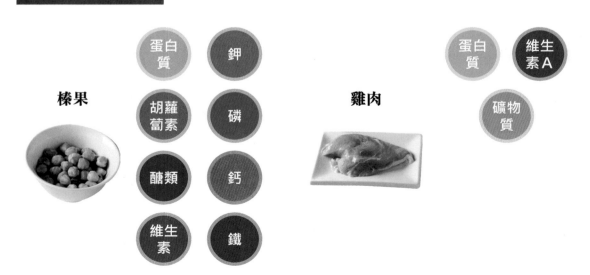

榛果　　蛋白質　鉀　胡蘿蔔素　磷　醣類　鈣　維生素　鐵

雞肉　　蛋白質　維生素A　礦物質

材料圖

材料

雞胸肉	300g
蛋白	1/2 顆
青蔥	8g
紅蘿蔔	20g
柳松菇	80g
熟榛果仁	60g

調味料

白胡椒粉	適量
米酒	15cc
太白粉	3g
沙拉油	10cc
鹽	1g
糖	0.5g
紹興酒	10cc
芝麻香油	適量

作法

1 雞胸肉以刀背輕敲鬆弛，切柳後加入少許鹽（配方外）、白胡椒粉、米酒抓醃，加入蛋白抓勻，加入太白粉抓勻，再加入沙拉油抓拌勻。（圖 1 ~ 4）

→ 如此便完成上漿步驟，沙拉油有鬆弛肉品的功用，也能輔助肉品在過油時減少結成團的情況。

2 蔥切蔥白、蔥綠段備用；柳松菇切段，紅蘿蔔切片，將兩者川燙備用。（圖 5）

3 熱鍋放入 600cc 沙拉油加熱至 120 度，將雞柳過油，待雞柳泛白（約 8 分熟）即撈起濾乾油。（圖 6 ~ 8）

→ 食材過油，油量要淹過食材約 2cm 左右。

4 鍋底留少許油爆香蔥白，加入紅蘿蔔片、柳松菇略炒，加入過好油雞柳略炒，加入鹽、白胡椒粉、糖、紹興酒、高湯或水 100cc（配方外）調味炒勻，最後加入蔥綠段勾薄芡，再加入熟榛果仁、芝麻香油翻炒均勻。（圖 9 ~ 11）

5 盛盤即可食用。

懷孕初期推薦食譜／營養成分

杏鮑菇富含蛋白質、維生素、礦物質，其中蛋白質裡面又含有多種人體必須胺基酸，是非常優良的保健食品。

毛豆富含蛋白質、醣類、脂質、鉀、磷、鎂、鈣、鐵、鋅、錳等營養素。

食材的營養成分

杏鮑菇

蛋白質

維生素

礦物質

毛豆

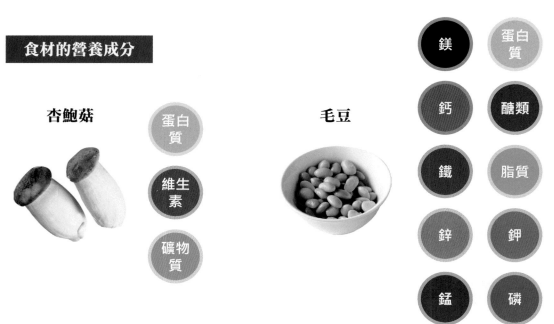

鎂

蛋白質

鈣

醣類

鐵

脂質

鋅

鉀

錳

磷

材料圖

材料

紅蘿蔔	50g
杏鮑菇	100g
乾黑木耳	20g
（此為泡開份量）	
熟毛豆仁	200g
蒜	2g

調味料

橄欖油	20cc
鹽	2g
粗黑胡椒粉	適量
糖	1g

作法

1 乾黑木耳泡開備用；蒜切末，將黑木耳、杏鮑菇、紅蘿蔔切 1cm 菱形丁（約指甲片大小）。

2 紅蘿蔔丁以水燙煮 2 分鐘，續入杏鮑菇丁燙煮，最後加入黑木耳、毛豆略燙 1 分鐘，熟成後撈出濾乾水份。（圖 1 ～ 4）

3 將橄欖油、鹽、粗黑胡椒粉、糖、蒜混合均勻。（圖 5）

4 取一容皿，將所有燙好食材及調味料拌勻。（圖 6 ～ 8）

5 盛盤裝飾，即可食用。

1   2   3   4

5   6   7   8

懷孕初期推薦食譜／營養成分

在本料理中蘆筍是葉酸的營養成分來源，而羊肉富含蛋白質、脂質、維生素 B_1、維生素 B_2、維生素 E、礦物質等營養素。

食材的營養成分

羊肉

蛋白質　脂質

維生素 B_1　維生素 B_2

維生素 E　礦物質

蘆筍

葉酸

材料圖

材料		調味料			
羊里肌	300g	鹽	1g	糖	3g
蛋白	1/2 顆	白胡椒粉	適量	紹興酒	適量
鮮菇	1 大朵	米酒	適量	芝麻香油	適量
蘆筍	200g	太白粉	適量		
蒜	5g	沙拉油	10cc		
青蔥	5g	蠔油	10g		
大辣椒	4 ~ 5 片	醬油	10cc		

作法

1. 羊里肌切片，加入鹽、白胡椒粉、米酒抓勻，加入蛋白、太白粉抓勻，再加入沙拉油抓勻，上漿備用。（圖 1 ~ 2）➜ 沙拉油有鬆弛肉品的功用，上漿也能輔助肉品在過油時減少結成團的情況，片與片較易分離。

2. 蘆筍去除老纖維切段，鮮菇切片狀，蒜切片，蔥切蔥白、蔥綠段，辣椒去籽切片。

3. 鍋子加入適量水，將水燒開，分別燙熟蘆筍段、鮮菇片備用。（圖 3 ~ 5）

4. 熱鍋放入 500cc 沙拉油加熱至 120 度，將羊肉片入鍋過油，拌開羊肉片至熟即撈起，濾乾油。（圖 6 ~ 7）➜ 食材過油，油量要淹過食材約 2cm 左右。

5. 原鍋留約 15cc 餘油，加入蒜片、蔥白段、辣椒片爆炒香。（圖 8）

6. 加入羊肉片、鮮菇略炒，以蠔油、醬油、白胡椒粉、糖略炒調味，加入蘆筍，加入紹興酒嗆鍋，加入 80cc 高湯或水（配方外）快速翻炒，加入蔥綠段、以適量太白粉水（配方外）勾芡，淋上芝麻香油即可。（圖 9 ~ 11）

7. 盛盤即可食用。（圖 12）

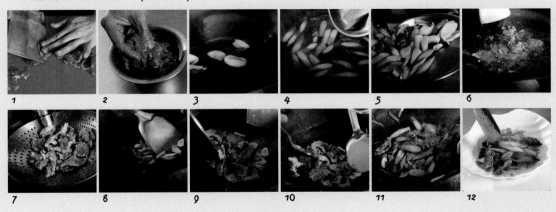

懷孕初期推薦食譜／營養成分

豬肝富含蛋白質、維生素 A、維生素 B、維生素 C、卵磷脂、鈣、鐵、磷等營養素。

豬肝

材料圖

材料		調味料	
豬肝	200g	鹽	適量
菠菜	200g	太白粉	30g
黃甜椒	20g	沙拉油	100cc
蒜	8g	醬油	15cc
薑	10g	白胡椒粉	適量
辣椒	少許	糖	2g
		米酒	15cc/15cc
		芝麻香油	適量

作法

1 豬肝切 0.5cm 薄片，洗去雜質濾乾水份，撒上 1g 鹽抓勻，加入太白粉抓勻，再加入沙拉油略抓，沙拉油須蓋過豬肝片，放入冰箱 1 小時，利用太白粉及沙拉油鬆弛豬肝。（圖 1）

2 菠菜洗淨切 5cm 段，黃甜椒、薑切絲，蒜頭切末；辣椒去籽切絲，泡水備用。

3 煮開一鍋水，放入上好漿的豬肝片，轉小火不停均勻攪動，待豬肝 9 分熟濾乾水份備用。（圖 2）

4 熱鍋滑油，加入一半蒜末、薑絲爆香，加入菠菜段及黃甜椒絲略炒，加鹽、15cc 米酒、少許水（配方外）調味炒勻後盛盤打底。（圖 3 ~ 4）

5 熱鍋入油，爆香剩餘一半蒜末、薑絲，轉小火續加入豬肝，先嗆香醬油及白胡椒粉、糖、15cc 米酒調味，加入 100cc 高湯或水（配方外）快速炒勻，以適量太白粉水（配方外）勾薄芡，淋上芝麻香油。（圖 5 ~ 9）

6 盛盤，將炒好豬肝置於炒好的菠菜上，再放上辣椒絲即可。（圖 10 ~ 11）

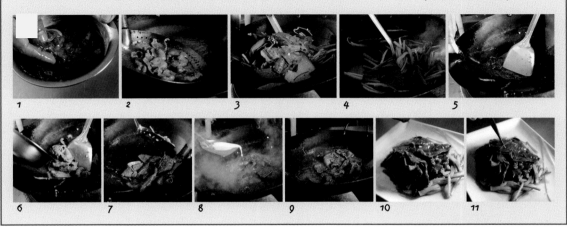

懷孕初期推薦食譜／營養成分

胡麻長久以來被廣泛應用在我國料理中，具有非常高的營養價值。《本草綱目》記載：「胡麻味甘平，主治傷中虛羸，補五內，益氣力，長肌肉，塡髓腦，明耳目，久服輕身不老」。

雞胸肉富含豐富的蛋白質、維生素 B 群。

食材的營養成分

雞胸肉

蛋白質　　維生素 B 群

材料圖

材料		調味料	
蒜	5g	日本胡麻醬	80g
青蔥	20g	冷開水	適量
薑	10g	醬油	10cc
雞胸肉	150g	味醂	55cc
洋菜	10g	芝麻香油	5cc
菠菜	100g	米酒	20cc
紅蘿蔔	30g	鹽	3g
熟白芝麻	2g		
熟黑芝麻	2g		

醬汁調製

蒜切末；將蒜、日本胡麻醬、冷開水充分拌勻，再加入醬油、味醂、芝麻香油拌勻備用。

作法

1 蔥、薑略拍，加水蓋過雞胸肉，加入米酒以中火煮滾，轉小火煮 8 分鐘，熄火燜 3 分鐘，至熟取出雞胸肉放涼，切成絲或撕成絲。（圖 1 ~ 2）

2 洋菜用剪刀剪成 6cm 段泡軟，以一鍋滾水川燙 1 分鐘，取出放涼備用。（圖 3）

3 菠菜洗淨，煮開一鍋水加入鹽，將菠菜入鍋燙熟，浸入冰水降溫(防止葉綠素褐變)，待菠菜冷卻降溫，瀝乾水份備用；另將紅蘿蔔切絲川燙，冷卻備用。（圖 4 ~ 5）

4 將瀝乾水份的菠菜葉整片切下，菠菜梗切約 8cm 長段。（圖 6）

5 以保鮮膜鋪底，將菠菜葉攤開，數葉攤平交叉重疊，再將雞肉絲、紅蘿蔔絲、菠菜梗、洋菜放在菜葉上捲緊。（圖 7 ~ 11）

6 兩端略修平齊，切塊盛盤，淋上醬汁，撒上熟黑、白芝麻即可。（圖 12 ~ 13）

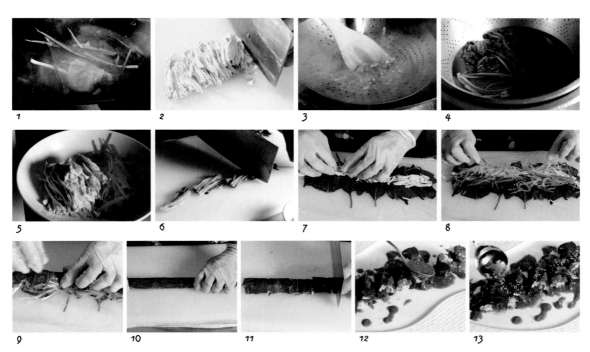

懷孕初期推薦食譜／營養成分

稻米脫殼即得糙米，糙米再經過數次碾米即得胚芽米、白米。糙米保留了多種營養物質，包含蛋白質、脂質、維生素 B1 等，但也因此口感較硬，煮起來比較費時。

糙米

蛋白質

脂質

維生素 B_1

材料圖

材料		調味料	
糙米	200g	橄欖油	5cc
紫米	20g	鹽	適量
杏鮑菇	40g		
鮮菇	40g		
鴻喜菇	40g		
紅甜椒	30g		
黃甜椒	30g		
牛番茄	1 顆		

作法

1 糙米、紫米洗淨泡水 4 小時，濾乾備用。（圖1）

2 菇類洗淨切條，紅、黃彩椒切條，牛番茄洗淨，一開八備用（切成八瓣）。（圖 2～6）

3 將泡好的米加入淨水 300cc（配方外）放入內鍋，再將所有食材放上，加入橄欖油、鹽至內鍋，外鍋加入 200cc 水煮至電鍋跳起，跳起後，外鍋再加入 200cc 水，煮至電鍋跳起續燜 15 分鐘，熟成即可食用。（圖 7～11）

1   2   3   4   5   6   7   8   9   10   11

懷孕初期推薦食譜／營養成分

水果富含非常多營養成分，包含維生素、礦物質、纖維質等營養素。

食材的營養成分

水果

維生素

礦物質

纖維質

材料圖

材料

蘿蔓	80g	綜合芽菜	30g
小黃瓜	15g	熟榛果	15g
小番茄	25g		
蘋果	60g	**醬汁**	
鳳梨	50g	優格	80ml
火龍果	50g	蜂蜜	12g

醬汁調製

將優格、蜂蜜拌勻，放入冰箱冷藏備用。（圖 1 ~ 2）

作法

1 將所有食材分別洗淨，小番茄對切，蘿蔓切段，小黃瓜切斜片，小黃瓜及蘿蔓泡冰開水備用。（圖 3 ~ 6）

2 水果去皮，分別切塊備用。（圖 7 ~ 8）

3 取乾淨盤子依序排入蘿蔓、小黃瓜、小番茄、水果，淋適量蜂蜜優格醬，放上綜合芽菜。（圖 9 ~ 11）

4 再淋上蜂蜜優格醬，最後撒上熟榛果即可。（圖 12）

懷孕初期推薦食譜／營養成分

雞蛋含豐富的蛋白質、維生素 A、維生素 D、維生素 E、卵磷脂、礦物質等營養素。

食材的營養成分

雞蛋

蛋白質　維生素A　維生素D

維生素E　卵磷脂　礦物質

36

材料圖

材料		調味料	
雞胸肉	150g	鹽	1g
白果（銀杏）	6 粒	白胡椒粉	適量
雞蛋	4 顆	米酒	15cc
香菜	1 小株	太白粉	適量
芹菜	5g	沙拉油	200cc
鮮菇	1 朵	（雞茸過油用）	
紅甜椒	適量	芝麻香油	適量
		雞高湯	390cc/100cc

作法

1　雞胸肉洗淨切成小粒狀，加入適量鹽、白胡椒粉、米酒、太白粉上漿（上漿約 15 分鐘），以油溫 75 ～ 80 度過油備用（此為雞茸）。（圖 1 ～ 3）

2　白果川燙至表皮略開，取出冷卻，每粒切 6 ～ 7 片備用。（圖 4）

3　香菜取梗的部份切細末；芹菜、紅甜椒切細末，分別川燙備用。（圖 5 ～ 6）

4　鮮菇洗淨，川燙後取出冷卻，切細密刀（一邊不切斷備用）；取一株沒切的裝飾用香菜梗川燙備用。（圖 7）

5　蛋打勻，加入 390cc 高湯過濾，加入雞茸、適量鹽，入蒸籠以小火蒸 15 分鐘，至熟取出。（圖 8 ～ 9）

6　將整株香菜梗、鮮菇、白果排在蒸蛋上。（圖 10 ～ 11）

7　另取高湯 100cc 調味後勾芡，加入香菜、芹菜細末，淋上芝麻香油。（圖 12）

8　將芡汁淋在蒸蛋上，擺上紅甜椒細末即可。（圖 13）

懷孕初期推薦食譜／營養成分

鮮蚵含維生素、礦物質、鋅等含量豐富的微量元素。四季豆富含維生素 C、鐵質、膳食纖維等營養素。

食材的營養成分

鮮蚵

維生素　礦物質　鋅

四季豆

維生素 C　鐵　膳食纖維

材料圖

材料		調味料	
四季豆	200g	太白粉	20g
紅蘿蔔	30g	鹽	適量
鮮蚵	80g	沙拉油	40cc
豆酥	40g	米酒	15cc
青蔥	15g	番茄醬	5g
		糖	3g
		芝麻香油	3cc

作法

1 四季豆去除老纖維，紅蘿蔔切成長 6cm 的細長條，蔥切蔥花，蔥白蔥綠分開。

2 鮮蚵洗淨，沾裹太白粉。（圖 1）

3 煮開一鍋水，加入適量鹽燙熟四季豆、紅蘿蔔，濾乾置於盤皿，接著燙熟鮮蚵，濾乾置於紅蘿蔔上。（圖 2 ~ 5）

4 熱鍋加入沙拉油，加入豆酥以中火炒至發（不可炒到變黑），炒發後加入蔥白、米酒、番茄醬、糖調味。（圖 6 ~ 9）

5 起鍋前加入蔥綠、芝麻香油翻炒；將炒好的豆酥淋上鮮蚵及四季豆即可食用。（圖 10）

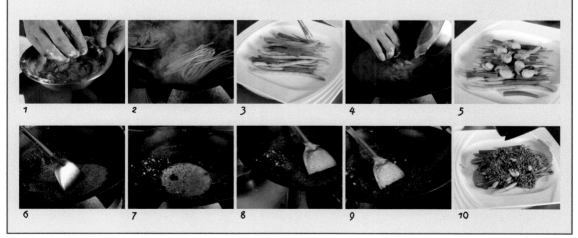

1　2　3　4　5
6　7　8　9　10

懷孕初期推薦食譜／營養成分

豬里肌肉富含蛋白質、維生素、礦物質。柳橙中含豐富的維生素 C，是純天然的抗氧化劑。鳳梨富含維生素、有機酸、天然膳食纖維。火龍果營養豐富，是一種低熱量、低脂肪、高纖維的水果。

食材的營養成分

豬里肌肉	柳橙	鳳梨	火龍果

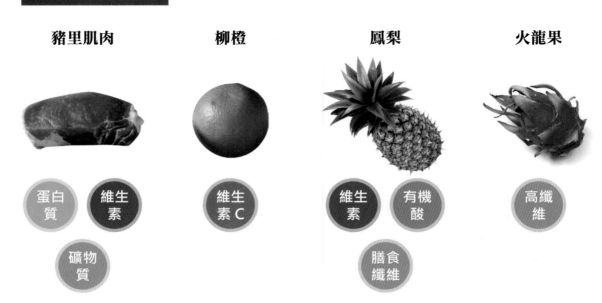

豬里肌肉：蛋白質、維生素、礦物質

柳橙：維生素 C

鳳梨：維生素、有機酸、膳食纖維

火龍果：高纖維

材料圖

材料

豬里肌肉	200g
鳳梨	100g
火龍果	100g
柳橙	2 顆
檸檬	1/2 顆
紅甜椒	30g
水滴豆（或毛豆仁）	8g
低筋麵粉	60g
雞蛋	2 顆
麵包粉	80g

調味料

米酒	30cc
白胡椒粉	1g
鹽	適量
糖	10g
太白粉	適量
沙拉油（油炸用）	300cc

作法

1 豬里肌肉去筋，切 0.5cm 薄片，用搥肉棒將里肌肉鬆弛（肉才不會柴），醃米酒、白胡椒粉、鹽備用。（圖 1 ～ 3）

2 將鳳梨果肉、火龍果肉分別切 1.5cm 高、6cm 長備用；檸檬、柳橙分別取汁，紅甜椒切小丁備用。

3 醃好里肌肉片攤平，放入火龍果、鳳梨果肉捲起。（圖 4）

4 將水果里肌捲沾低筋麵粉，把多餘的粉輕輕拍除，再沾上打勻蛋液、沾裹麵包粉。（圖 5 ～ 7）

5 燒開一鍋水加入少許鹽，將紅甜椒、水滴豆燙熟。（圖 8）

6 另準備鍋子加入柳橙汁及適量清水（配方外），加入少許鹽、糖、檸檬汁，煮開後勾芡，注意不可太濃稠。（圖 9）

7 起油鍋 160 度，將水果里肌捲入鍋炸 3 分鐘至熟，濾乾油。（圖 10 ～ 11）

8 將煮好橙汁先淋在盤上，再放上炸好里肌肉捲，撒上紅甜椒丁、水滴豆，裝飾即可。（圖 12）

懷孕初期推薦食譜／營養成分

牛肉富含蛋白質、維生素 A、維生素 B 群，並且含有豐富的鐵質。

牛肉

材料圖

材料		調味料	
牛絞肉	250g	米酒	15cc
雞蛋	1 顆	魚露	15cc
洋蔥	60g	醬油	15cc
蒜	8g	醬油膏	1 大匙
小番茄	8 個	檸檬汁	10cc
辣椒	1 支	白胡椒粉	適量
長豆	60g	糖	適量
打拋葉（或九層塔）	30g		

作法

1 打散一顆蛋，將牛絞肉與蛋汁混勻備用。（圖1 ~ 2 ）

2 洋蔥、辣椒、蒜切碎，小番茄對半切，長豆切 1cm 小段（燙過備用），九層塔取葉備用。（圖 3 ~ 5 ）

3 起油鍋以中火熱鍋，牛絞肉下鍋拌炒，加入一大 匙米酒，翻炒至七分熟，起鍋備用。（圖6 ~ 7 ）

4 原鍋下適量沙拉油，以中小火炒香洋蔥、蒜， 洋蔥碎炒至透明後加入小番茄、辣椒拌炒，加 入長豆。（圖8 ~ 9 ）

5 加入牛絞肉拌炒。（圖 10 ）

6 加入剩餘調味料拌炒至牛肉熟透，最後放入打 拋葉翻炒均勻即可。（圖 11 ~ 12 ）

1　2　3　4　5　6

7　8　9　10　11　12

懷孕初期推薦食譜／營養成分

鮭魚含有蛋白質、Omega-3 脂肪酸、維生素 B 群、維生素 D、維生素 E、鈣、鐵等營養素。

豆腐含有蛋白質、維生素 E、卵磷脂、鈣。

食材的營養成分

鮭魚

維生素 E | 蛋白質

鈣 | Omega-3 脂肪酸

鐵 | 維生素 B 群

維生素 D

豆腐

卵磷脂 | 蛋白質

鈣 | 維生素 E

材料圖

材料

板豆腐	300g	荸薺	20g
鮭魚	120g	青蔥	15g
洋蔥	50g	綠花椰菜	50g
		紅蘿蔔	50g

調味料

鹽	少許
米酒	15cc
粗黑胡椒粉	適量
沙拉油（炸豆腐用）	500cc
麵粉（封口用）	10g
醬油	30cc
白胡椒粉	少許
糖	3g
太白粉	適量

作法

1 鮭魚去除魚骨、魚皮，將鮭魚肉切成 0.5cm 小丁，加鹽及米酒略醃備用。（圖 1）

2 洋蔥切末，荸薺切 0.5cm 小丁，青蔥切斜段，分出蔥白、蔥綠。

3 起油鍋炒香洋蔥末，加入粗黑胡椒粉拌炒。

4 加入鮭魚肉、荸薺拌炒，加入少許鹽拌勻成內餡。（圖 2）

5 綠花椰菜去除老梗，紅蘿蔔以挖球器挖成小球狀，將紅蘿蔔球以水煮熟、綠花椰菜燙熟備用。（圖 3 ~ 4）

6 板豆腐切塊（約 5×5cm），起一鍋炸油，以 220 度將板豆腐炸至表皮變硬。（圖 5 ~ 6）

7 以小刀將豆腐表面切出「ㄇ」字形，將豆腐翻開，內裏小心挖出。（圖 7 ~ 9）

8 鮭魚餡填入豆腐盒內，麵粉與水調成麵糊，將豆腐口封好（將麵粉及水以 1：1 的比例調合，即為麵糊。）。（圖 10 ~ 12）

9 板豆腐放在漏勺上，用炒勺將鍋中熱油反覆舀起淋於麵糊上，將豆腐口封好。（圖 13）

10 起油鍋爆香蔥白，熄火，醬油沿鍋邊下，嗆出醍糊味，續加適量高湯（配方外）、白胡椒粉，將豆腐盒放入鍋中，再加入高湯（配方外）蓋過豆腐 2/3，燒開，轉小火加入糖、蔥綠煮 5 分鐘。（圖 14 ~ 15）

11 豆腐盒取出擺盤，排上紅蘿蔔球、綠花椰菜，將鍋中豆腐汁芶芡，淋在豆腐盒上即可。（圖 16）

懷孕初期推薦食譜／營養成分

銀魚是一種高蛋白、高鈣質、低脂肪食的魚類。

莧菜富含維生素 A、維生素 B、維生素 C、礦物質、鈣、鐵、磷等營養成分。

食材的營養成分

銀魚

鈣

蛋白質

莧菜

維生素 A

維生素 B

維生素 C

礦物質

鈣

鐵

磷

材料圖

材料		調味料	
蒜	5g	沙拉油	15cc
莧菜	150g	雞高湯	400cc
銀魚	30g	米酒	20cc
蟹肉	3 條	鹽	適量
雞蛋	1 顆	白胡椒粉	適量
		太白粉	8g
		芝麻香油	適量

作法

1 莧菜洗淨入滾水川燙，撈起泡冰水降溫，取出切段備用。（圖 1 ～ 3）

2 雞蛋打勻，蒜切末備用。（圖 4）

3 蟹肉用手撕成絲備用，銀魚炒香備用。（圖 5 ～ 6）

4 熱鍋加入沙拉油爆香蒜末、銀魚，加入莧菜略炒，加入高湯、米酒、蟹肉絲。（圖 7 ～ 9）

5 煮開，放入鹽、白胡椒粉調味，煮勻後以太白粉水勾芡，淋上蛋液，起鍋前滴上芝麻香油即可。（圖 10）

懷孕初期推薦食譜／營養成分

牡蠣富含牛磺酸。

豆芽菜又名如意菜，豆芽中的維生素 A 可提高人體免疫系統保健功能。

食材的營養成分

牡蠣

牛磺酸

豆芽菜

維生素A

材料圖

材料	
綠豆芽菜	150g
牡蠣	150g
小黃瓜	50g
乾黑木耳	20g
（此為泡開份量）	
紅甜椒	20g

調味料	
鹽	2g
太白粉	適量

醬汁調製

材料

日式胡麻醬 70g		蒜	5g
味醂 60cc		柴魚昆布高湯	15cc
芝麻香油 15cc		檸檬	1/2 顆
醬油 40cc		熟白芝麻	2g

→ 柴魚昆布高湯做法：

將 10cm 昆布與 2000cc 水一起煮至呈微黑、呈現墨綠色後關火，加入一大把柴魚片浸泡 5 分鐘，最後過濾即可。

1 檸檬擠汁備用，蒜切末；將日式胡麻醬、味醂、芝麻香油攪拌均勻。（圖 1）

2 加入醬油、蒜末、柴魚昆布高湯、檸檬汁及熟白芝麻拌勻成和風醬。（圖 2）

作法

1 乾黑木耳泡開備用；將小黃瓜、黑木耳、紅甜椒分別切絲備用。（圖 3）

2 綠豆芽菜洗淨；準備一鍋水煮開加鹽，將綠豆芽菜燙熟，黑木耳絲、紅甜椒絲、小黃瓜絲分別燙過冷卻。（圖 4 ~ 7）

3 牡蠣洗淨，輕輕抓裹太白粉入滾水川燙至熟，撈起泡冰水降溫，取出備用。（圖 8 ~ 9）

4 盤皿分別放入燙過食材，再將燙熟牡蠣放於蔬菜上，淋上醬汁即可食用。（圖 10 ~ 11）

懷孕初期推薦食譜／營養成分

豆干富含植物性蛋白質。

堅果富含蛋白質、礦物質、食物纖維。

食材的營養成分

豆干

蛋白質

堅果

蛋白質

礦物質

食物纖維

材料圖

材料		調味料	
黑豆干	2 塊	沙拉油	400cc
（約 160g）		（油炸用）	
香菜	5g	水	150cc
熟白芝麻	2g	糖	70g
綜合堅果	30g	麥芽	10g
		醬油	30cc
		梅林辣醬油	8cc

作法

1 黑豆干洗淨切成 2cm 四方丁，香菜一部份切末備用，保留頂端葉子。（圖 1 ～ 2）

2 起油炸鍋加熱至 180 度，將黑豆干丁入鍋炸，轉小火炸 3 分鐘至表皮硬，起鍋前開大火把油逼出（須特別注意勿炸焦黑）。（圖 3 ～ 4）

3 準備一個乾鍋，加入水、糖、麥芽以小火煮至稠，加入醬油煮約 4 分至糖汁濃稠，加入梅林辣醬油。（圖 5 ～ 8）

4 加入炸好黑豆干丁拌勻，均勻撒上香菜末、熟白芝麻，最後放上綜合堅果、香菜葉擺盤，即可食用。（圖 9 ～ 14）

懷孕初期推薦食譜／營養成分

芥藍富含維生素 C、胡蘿蔔素、硫代葡萄糖甘、膳食纖維。

食材的營養成分

芥藍

材料圖

材料		調味料	
薑	10g	水果醋	60cc
紅甜椒	10g	糖	6g
黃甜椒	10g	鹽	3g
芥藍菜	300g	粗黑胡椒粉	0.3g
紫山藥	50g	芝麻香油	30cc
白山藥	50g	（或橄欖油）	

醬汁調製

1 薑、紅甜椒、黃甜椒切末備用。（圖 1）

2 將薑末、紅甜椒末、黃甜椒末、水果醋、糖、鹽 0.3g、
粗黑胡椒粉、芝麻香油調勻成醋汁備用。（圖 2）

作法

1 將芥藍菜去除老纖維粗皮，切約 6cm 段抓醃適量鹽出青，去澀 10 分鐘後以冷開水
洗去鹽分備用。（圖 3 ~ 5）

2 紫山藥、白山藥削皮，分別切成 0.5cm、四方長 6cm 的細條狀。（圖 6）

3 煮開鍋一水加入剩餘的鹽，川燙芥藍菜至熟，川燙雙色山藥 1 分鐘，撈出泡冷開
水降溫，濾乾水份。（圖 7 ~ 8）

4 將芥藍菜、雙色山藥放入容皿，拌入調好的醋汁即可食用。（圖 9 ~ 10）

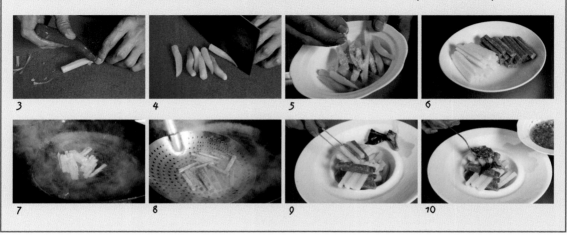

懷孕初期推薦食譜／營養成分

淡菜是一種貝類，不僅富含多種人體必需胺基酸，也包括蛋白質、維生素、礦物質等營養成分。

淡菜

材料圖

材料		調味料	
洋蔥	40g	橄欖油	30cc
蒜	15g	白酒	50cc
牛番茄	1 顆	鹽	1g
熟淡菜	300g	白胡椒粉適量	
新鮮巴西利葉	2g		

作法

1 熟淡菜洗淨浸泡清水，去除沙子及雜質。

2 牛番茄切小丁，洋蔥、蒜切末，巴西利葉切碎備用。（圖 1 ~ 3）

3 熱鍋入橄欖油炒香洋蔥，續加入蒜末、牛番茄，炒至香味出來。（圖 4 ~ 5）

4 加入淡菜略拌炒，加入白酒，蓋上鍋蓋燜 3 分鐘。（本作法為生淡菜做法，熟的就不用燜蓋，調味後燒至入味即可）（圖 6）

5 掀開鍋蓋，以鹽、白胡椒粉調味，拌勻後加入巴西利葉碎，盛盤即可。（圖 7 ~ 10）

1　2　3　4　5　6　7　8　9　10

懷孕初期推薦食譜／營養成分

九孔含蛋白質、礦物質，富含鉀、鈣、鐵、鈉、磷等。

食材的營養成分

九孔

材料圖

材料		五味醬材料	
九孔鮑	5 粒	辣椒	5g
南瓜	20g	香菜	15g
玉米筍	3 ~ 4 支	蒜	30g
綠花椰菜	30g	薑	30g
青蔥	2 支	白醋	30g
薑	5g	番茄醬	50g
		糖	30g
		梅林辣醬油	5cc
		冷開水	30cc

醬汁調製

1 辣椒、香菜、蒜、30g 薑分別切末。

2 將辣椒末、香菜末、蒜末、薑末、白醋、番茄醬、糖、梅林辣醬油、冷開水，調勻成五味醬備用。（圖 1）

作法

1 南瓜洗淨去皮，切塊備用，綠花椰菜切去老纖維修成小朵。（圖 2 ～ 3）

2 將玉米筍外圍筍殼剝除，留內圈 3 ～ 4 葉不剝。

3 燒開一鍋水加入少許鹽，分別燙熟綠花椰菜、南瓜（南瓜也可用蒸的），原鍋水煮熟玉米筍。（圖 4 ～ 5）

4 原鍋水加入青蔥、薑，煮至蔥、薑變色，加入九孔鮑，待其收縮 1/5 即撈出，浸泡冷水降溫。（圖 6）

5 將九孔鮑去腸、嘴部洗淨。（圖 7 ～ 10）

6 所有食材盛盤，淋上五味醬即可食用。（圖 11 ～ 14）

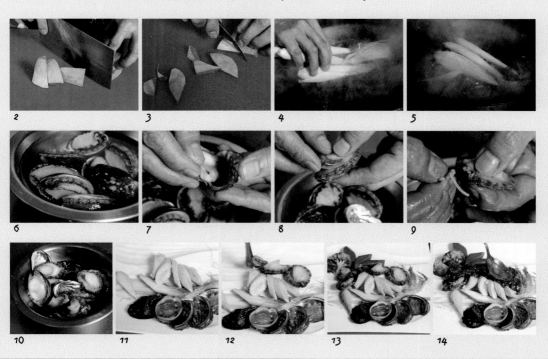

懷孕初期推薦食譜／營養成分

蘋果富含維生素 B、維生素 C 及鉀、鈣、磷、鐵等營養成分。
菠菜富含膳食纖維、葉酸，而膳食纖維可以促進腸胃蠕動幫助排便。

食材的營養成分

蘋果

菠菜

材料圖

材料		調味料	
菠菜	80g	無鹽奶油	5g
馬鈴薯	80g	鮮奶	50cc
蘋果	1 顆	鹽	適量
煮熟蛋黃	1 個	糖	1g
葡萄乾	少許	白胡椒粉	少許
櫻桃	2 顆		
熟松子	30g		

作法

1 馬鈴薯洗淨去皮，入蒸籠蒸軟熟，過篩備用；熟蛋黃分別過細篩備用。（圖1～4）

2 燒一鍋水加入少許鹽，將菠菜葉燙2分鐘，取出浸泡冰開水降溫，濾乾水分，將葉、梗切離備用。（圖5）

3 蘋果去皮切條，泡鹽水備用；櫻桃去籽切成6小舟（6小瓣）備用。（圖6～7）

4 熟松子以烤箱75度烤5分鐘，再將松子香味喚出來（或用乾鍋，以小火再將熟松子焗香）。

5 取平底鍋放入無鹽奶油加熱，加入馬鈴薯泥，加入鮮奶、鹽、糖、白胡椒粉調味煮勻，小火攪拌均勻。（圖8～9）

6 待馬鈴薯泥降溫，加入部分熟松子拌勻。（圖10）

7 菠菜葉攤平，放上馬鈴薯泥、蘋果條捲起，將頭尾略修平整對切。（圖11～14）

8 盛盤，放上過細篩蛋黃、葡萄乾、櫻桃、剩餘熟松子即可。（圖15～16）

懷孕初期推薦食譜／營養成分

松子是常見的堅果之一，有「長壽果」的美譽，備受推崇。松子有豐富的維生素、礦物質，其含油脂約 70%，大多為亞油酸、亞麻酸等不飽和脂肪酸。

松子

維生素　礦物質　亞油酸　亞麻酸

材料圖

材料		調味料	
牛里肌肉	150g	白胡椒粉	適量
蛋白	1/2 顆	鹽	2g
青蔥	15g	米酒	30cc
紅蘿蔔	40g	太白粉	適量
鮮竹筍	80g	沙拉油（過油用）	300cc
荸薺	20g		
芹菜	30g		
熟松子	15g		
美生菜	5 葉		

作法

1 牛里肌肉切米粒狀，以白胡椒粉、鹽、米酒略抓醃，接著加蛋白混勻，加入太白粉抓勻，最後加入適量沙拉油（配方外）抓勻，入冷藏讓牛肉入味，鬆弛 15 分鐘備用。（圖 1～2）

2 熟松子用烤箱 75 度烤 5 分鐘，將松子香味喚出來。（或以乾鍋小火，再將熟松子煸香）

3 鮮竹筍煮熟去除苦味，放涼冷卻切成米粒狀。

4 荸薺略拍切成米粒狀，用餐巾紙壓去部分水份。

5 紅蘿蔔切米粒狀川燙備用，芹菜、青蔥切珠，將蔥白、蔥綠分開。（圖 3）

6 美生菜葉用剪刀修剪成直徑 10cm 左右圓葉狀，與冷開水浸泡。（圖 4）

7 起鍋將沙拉油加熱至 75 度後關火，加入牛肉碎，以筷子快速劃圈將牛肉碎攪散，至牛肉呈現泛白、8 分熟撈起備用；荸薺放在濾網，舀起鍋中的油沖淋荸薺，濾乾油漬備用。（圖 5～6）

8 原鍋留約 15cc 油，以小火炒香蔥白，續加入紅蘿蔔、鮮竹筍、荸薺、牛肉碎，轉中火調味翻炒，以少許太白粉水芶水芡，起鍋前加入芹菜、蔥綠，撒上熟松子即可。（圖 7～8）

9 食用時將生菜葉擦去水份，包覆牛肉鬆一起食用。

→ 此道菜如果不吃牛肉者，也可換成豬肉或雞肉。

1　2　3　4

5　6　7　8

懷孕初期推薦食譜／營養成分

鵝肝具有蛋白質、維生素 C、鐵、硒等營養物質。

食材的營養成分

鵝肝

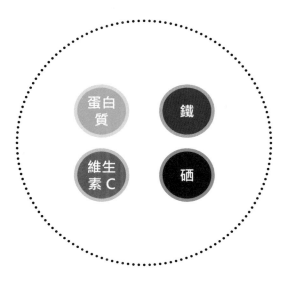

蛋白質　鐵　維生素 C　硒

鵝肝是法國頂級美食之一，與松露、魚子醬並列為「世界三大珍饈」。

材料圖

材料

鵝肝（或鴨肝）	200g
蒜	5g
紅蔥頭	5g
新鮮百里香	少許
月桂葉	1 片
草莓	2 顆

調味料

鹽	4g	無鹽奶油	10g
白胡椒粉	4g	白蘭地	10cc
糖	16g	白波特酒	10cc

焦糖蘋果作法

焦糖蘋果材料

蘋果	1 顆
糖	30g/40g
檸檬汁	20cc/20cc
無鹽奶油	20g
白酒	50cc
荳蔻粉	少許

作法

1 鵝肝洗淨擦乾，以剪刀去除白筋。（圖 5）

2 將鵝肝、蒜末、紅蔥頭末、百里香、月桂葉、鹽、白胡椒粉、糖抓醃冷藏約 60 分鐘。（圖 6 ~ 7）

3 起鍋以中火預熱，取無鹽奶油入鍋融化，放入鵝肝慢煎兩面（共約 4 ~ 5 分鐘），直到內部切開呈粉紅色。（圖 8 ~ 9）

4 取出月桂葉，倒入白蘭地、白波特酒於鍋中，煮滾並略微收汁。（圖 10 ~ 11）

5 取出新鮮百里香剃除粗梗，將百里香葉子、鵝肝、鍋中的汁水、香料一併倒入食物調理機，再加入 20g 無鹽奶油，全部打碎。（圖 12）

6 鵝肝醬打勻後，以玻璃紙及鋁箔紙捲成筒狀，壓緊冷藏 1 小時，至其凝結。（圖 13 ~ 16）

7 切片，沾取適量配方外麵粉煎至上色。（圖 17 ~ 19）

8 盛盤佐以焦糖蘋果、草莓即可食用。（圖 20）

> **步驟 6**
>
> 另外一種作法是：取 30g 無鹽奶油放入鍋中融化，以湯匙撇除表面的奶蛋白浮末，留下的金黃色液體即為淨化牛油。將淨化牛油淋在步驟 6 肝醬表面（建議選用玻璃容器放入，較好操作），壓緊冷藏 1 小時，至其凝結。

1 蘋果去皮切塊，將 30g 糖、40cc 水（配方外）、20cc 檸檬汁，與蘋果同煮至略透明，濾乾水份備用。（圖 1）

2 乾鍋加入 40g 糖，以小火加熱至焦化，加入蘋果塊略炒至上色，加入無鹽奶油、白酒拌勻，再放入豆蔻粉、20cc 檸檬汁，收汁即成焦糖蘋果。（圖 2～4）

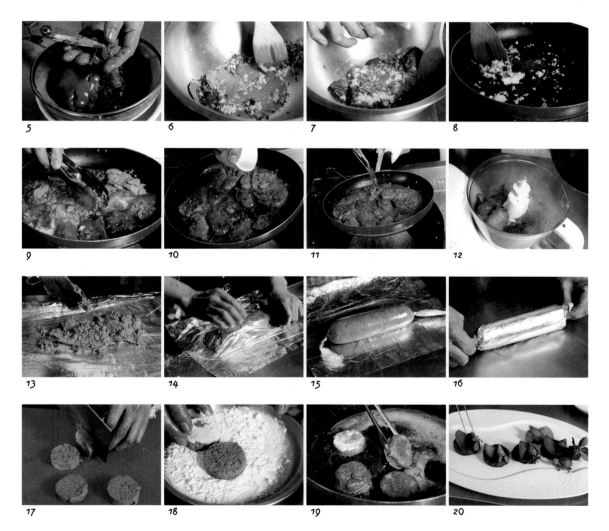

懷孕初期推薦食譜／營養成分

髮菜含有蛋白質、鈣、鐵、銅、錳等營養素。

帆立貝營養成分包括蛋白質、礦物質、脂肪、鈣、鐵等。

髮菜

帆立貝

材料圖

材料		調味料	
髮菜	10g	鹽	適量
青蔥	1 支	白胡椒粉	適量
薑	5g	米酒	適量
白蝦	60g	太白粉	適量
荸薺	10g	柴魚昆布高湯	100cc
帆立貝	3 個	糖	適量
熟鳳果	4 粒	芝麻香油	適量
甜豆	30g		

→ 柴魚昆布高湯作法可參考 P.49。

作法

1 將髮菜、青蔥、薑及水蒸 15 分鐘。（圖 1）

2 荸薺略拍切碎，用餐巾紙擠去部分水份。

3 白蝦去除頭、殼、腸泥，將蝦肉剁成泥，調味鹽、白胡椒粉、米酒、太白粉，加入荸薺拌勻成餡備用。（圖 2）

4 熟鳳果去殼，甜豆去除老纖維，分別入鍋燙熟，取出備用。（圖 3 ~ 4）

5 帆立貝洗淨，內殼撒少許太白粉，放入重約 35g 圓型蝦餡，再放上帆立貝，撒上少許鹽。（圖 5 ~ 7）

6 入蒸鍋蒸 6 分鐘，盛盤，擺上熟鳳果及甜豆。（圖 8）

7 鍋子放入高湯、髮菜、少許鹽、糖，煮開以太白粉水勾芡，最後淋上芝麻香油。（圖 9 ~ 10）

8 將煮好醬汁淋在帆立貝上即可。（圖 11 ~ 12）

懷孕初期推薦食譜／營養成分

昆布是一種鹼性食品，富含豐富的礦物質及微量元素。

食材的營養成分

昆布

礦物質　微量元素　碘

材料圖

材料		調味料	
老薑	30g	醬油	25cc
昆布（乾）	50g	白醋	30cc
寒天脆藻（海藻萃取）	60g	糖	3g
紅蘿蔔	50g	鹽	1g
小黃瓜	1/2 條	芝麻香油	30cc
蒜	5g	熟白芝麻	適量
香菜	10g		

作法

1 老薑、水煮開，加入昆布（乾）小火煮約 15 分鐘後撈起，昆布切絲備用。（圖 1 ~ 2）

2 紅蘿蔔切絲，燙熟備用；蒜切末。（圖 3）

3 小黃瓜切絲，泡冷開水備用。（圖 4）

4 香菜洗淨切小段，寒天脆藻切段，以冷開水過水。（圖 5）

5 將調味料拌勻（除了熟白芝麻），加入紅蘿蔔絲、寒天脆藻、昆布絲、小黃瓜絲、蒜、香菜略拌。（圖 6 ~ 10）

6 盛盤撒上熟白芝麻，即可食用。（圖 11）

1　2　3　4　5
6　7　8　9　10　11

昆布含有多種礦物質和維生素，是一種營養豐富的食品，以食物來說，昆布的含碘量最高，因此又被譽為「長壽菜」。

食材的營養成分

昆布

礦物質　　微量元素　　碘

材料圖

材料

昆布（乾）	60g
牛蒡	40g
金針菇	40g

調味料

醬油	75cc
麥芽糖	5g
砂糖	30g
味醂	75cc
柴魚昆布高湯	100cc
柴魚片	5g
熟白芝麻	適量

➜ 柴魚昆布高湯作法可參考 P.49。

作法

1 將昆布（乾）浸水約 30 分鐘，撈起切絲備用。（圖 1）

2 牛蒡去皮切成長 10cm 段，再切細條泡水，以水略燙備用。（圖 2）

3 金針菇洗淨，切去老莖部份。（圖 3）

4 將醬油、麥芽糖、砂糖、味醂及高湯煮開。（圖 4 ～ 7）

5 加入所有食材，以小火煮至略收汁。（圖 8 ～ 9）

6 乾鍋將柴魚片以小火炒香。（圖 10）

7 盛盤，放上柴魚片、熟白芝麻，裝飾後即可食用。（圖 11 ～ 12）

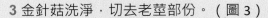

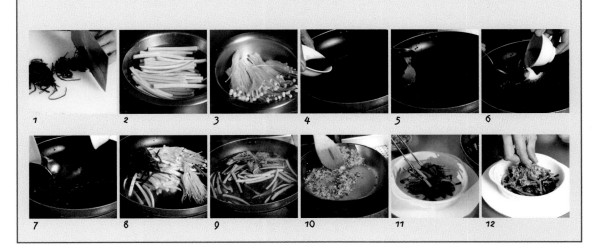

懷孕初期推薦食譜／營養成分

海藻含有豐富的食物纖維、蛋白質、多醣類、維生素。

食材的營養成分

海藻

食物纖維

蛋白質

多醣類

維生素

材料圖

材料		調味料	
薑	5g	鹽	1g
鮭魚	80g	白胡椒粉	0.1g
白蝦	6 支	米酒	15cc
澎湖海藻	60g		
蒜苗	15g		

作法

1 海藻泡水洗去沙子，再泡冷水備用。

2 白蝦去除頭、殼，將蝦頭與 1200cc 水（配方外）煮滾，轉小火煮 10 分鐘，將蝦仁取出備用，濾除雜質、殼，僅保留蝦高湯。（圖 1 ~ 3）

3 鮭魚去除魚骨、魚皮，切 3cm 塊狀。（圖 4 ~ 5）

4 薑切細絲，蒜苗切末。（圖 6）

5 細薑絲加入蝦高湯，加入鮭魚塊以中小火煮滾，續加入蝦仁、海藻，迅速調味鹽、白胡椒粉、米酒。（圖 7 ~ 9）

6 滾開即關火，盛盤撒上蒜苗末，即可食用。（圖 10）

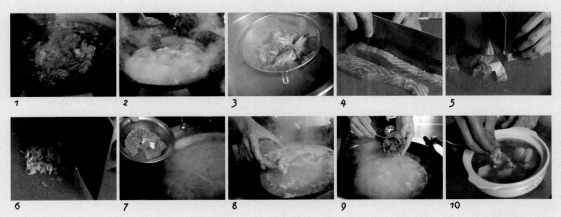

1　2　3　4　5
6　7　8　9　10

懷孕初期推薦食譜／營養成分

紫菜含有蛋白質、維生素 A、維生素 B_1、維生素 B_2、維生素 C、鈣、碘等。

蝦子富含蛋白質、維生素 B_{12}、鐵、磷、鈣。

紫菜

維生素 B_2　蛋白質

維生素 C　維生素 A

鈣　維生素 B_1

碘

蝦子

鐵　蛋白質

磷　維生素 B_{12}

鈣

材料圖

材料		調味料	
蒜苗	40g	沙拉油	20cc/15cc/15cc
紫菜	80g	柴魚昆布高湯	80cc
豆芽菜（或銀芽）	60g	鹽	1g
紅甜椒	10g	白胡椒粉	適量
白蝦仁	50g	米酒	30cc
雞蛋	1 顆	➜ 柴魚昆布高湯作法可參考 P.49。	

作法

1 紫菜略洗去沙，用濾網濾乾水份備用。（圖 1）

2 紅甜椒切絲；蒜苗斜切，將蒜苗白、蒜苗綠分開備用。（圖 2）

3 雞蛋打勻；豆芽菜摘除頭尾，處理成銀芽。（圖 3）

4 熱鍋加入 20cc 沙拉油，加入雞蛋炒成塊（勿炒太老），取出備用。（圖 4 ~ 5）

5 原鍋加入 15cc 沙拉油，炒香白蝦仁至 8 分熟取出。（圖 6 ~ 7）

6 另熱鍋加入 15cc 沙拉油，以中小火炒香蒜苗白，加入紫菜、銀芽炒香，加入高湯，續再加入紅甜椒絲、蝦仁、蛋塊，加入所有調味料炒至縮汁，撒上蒜苗綠迅速炒勻，熄火。（圖 8 ~ 13）

7 盛盤即可食用。（圖 14）

懷孕初期推薦食譜／營養成分

紅藜富含蛋白質、膳食纖維、鐵、鈣。

紅藜

 鈣　 蛋白質

 鐵　 膳食纖維

材料圖

材料		調味料	
紅藜	80g	橄欖油	10cc
小米	80g	鹽	1g
地瓜	100g	糖	0.5g
紫洋蔥	30g		
牛番茄	1 個		
檸檬	1/2 顆		
酪梨	1/2 顆		
	（約 80g）		

蜂蜜芥末醬調製

材料

黃芥末醬　25g
芥末籽　　5g
蛋黃醬　　50g
蜂蜜　　　5cc

作法

將黃芥末醬、芥末籽、蛋黃醬、蜂蜜調合均勻成蜂蜜芥末醬備用。

作法

1 紅藜、小米洗淨，分開容皿裝盛，食材與水以 1：1 蒸熟。（圖 1）

2 地瓜切滾刀塊蒸熟。（圖 2）

3 紫洋蔥切細圈，牛番茄切塊，檸檬擠汁備用。（圖 3 ～ 5）

4 刀子從酪梨上到下劃一圈，取出籽，用湯匙將酪梨果肉取出，切塊。（圖 6 ～ 10）

5 將所有食材取容器放入，調味橄欖油、鹽、糖、檸檬汁，輕輕拌勻，最後加入蜂蜜芥末醬混勻。（圖 11 ～ 12）

1　2　3　4
5　6　7　8
9　10　11　12

懷孕初期推薦食譜／營養成分

紅藜富含蛋白質、膳食纖維、鐵、鈣。

紅藜小常識

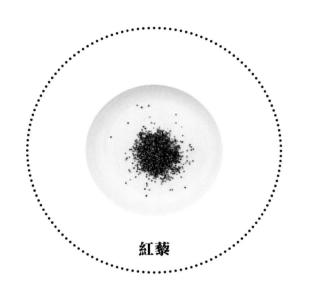

紅藜

紅藜是原住民的傳統作物，也是台灣早期重要的救命糧食，在台灣，紅藜約需 90 ~ 120 天收成，種植季節應避開雨季，紅藜擁有全面且優質的營養，因此又有穀類中的「紅寶石」之美譽。

材料圖

材料

材料	
紅藜	80g
綠豆	50g
黑豆	50g
牛番茄	60g
小黃瓜	60g
紫洋蔥	40g
白蝦	6 支
怡貝	3 個
中卷	80g
香菜	10g

調味料

調味料	
粗黑胡椒粉	1g
糖	1g
鹽	1g
橄欖油	20cc
檸檬原汁	20cc
Tabasco（辣椒水）	5cc

醬汁材料

醬汁材料	
柳橙原汁	60cc
糖	1g
太白粉	少許

作法

1 將紅藜、水以 1：1 蒸 25 分鐘（也可用電鍋煮熟）。（圖 1）

2 綠豆、黑豆於前一夜泡水備用，將食材與水以 1：1.2 蒸 25 分鐘，分開裝皿蒸（也可用電鍋煮熟）。（圖 2）

3 牛番茄去皮去籽，切 1cm 四方丁。

4 小黃瓜去籽切小丁，紫洋蔥切 0.5cm 小丁。（圖 3 ～ 6）

5 香菜切 0.5cm。（圖 7）

6 白蝦燙熟去除頭、殼（留蝦仁），怡貝燙熟，中卷燙熟切圈；起鍋加入少許油，將中卷煎至表面焦黃備用。（圖 8 ～ 10）

7 將所有食材與調味料拌勻，最後再拌入香菜。（圖 11 ～ 13）

8 將柳橙原汁加入少許糖，以小火煮開，快速用少許太白粉水勾芡（芡勿太濃稠）。（圖 14）

9 盛盤，放上醬料、裝飾即可。（圖 15）

懷孕初期推薦食譜／營養成分

葵花子富含蛋白質、多種維生素、礦物質。

食材的營養成分

葵花子

材料圖

材料		調味料	
雞胸肉	150g	鹽	2g
荸薺	50g	白胡椒粉少許	
芹菜	20g	米酒	15cc
生葵花子	80g	太白粉	3g
甜豆	10g	芝麻香油少許	
白花椰菜	60g	糖	1g

作法

1 荸薺略拍切末，用餐巾紙擠去水份；芹菜切細珠，白花椰菜去除老纖維。

2 雞胸肉洗淨剁切成泥 (肉泥攪拌或摔至起膠) 將荸薺、芹菜與肉泥拌勻，加入鹽、白胡椒粉、米酒、太白粉、芝麻香油、糖攪拌均勻。（ 圖 1 ～ 4 ）

3 盤子抹少許油，放上約 40g 雞肉泥，搓成圓錐形，將生葵花子插上，以少許黑芝麻（配方外）點綴眼睛。（ 圖 5 ～ 7 ）

4 烤盤抹油，將刺蝟雞肉丸子放上烤盤，烤箱預熱上下火 140 度，烤 12 分鐘，至熟取出。（ 圖 8 ）

5 燒一鍋水加入少許鹽，燙熟甜豆及白花椰菜。（ 圖 9 ）

6 出爐後盛盤裝飾即可。（ 圖 10 ）

→ 搭配照燒醬風味更是一絕，詳細製作方法為將 150cc 濃口醬油、150cc 味醂、50g 砂糖一同煮滾熄火，放涼即可食用。

懷孕初期推薦食譜╱營養成分

香蕉含有豐富的蛋白質、維生素 C、維生素 E、鈣、鉀、磷、膳食纖維。

食材的營養成分

香蕉

鉀　　蛋白質

磷　　維生素 C

膳食纖維　　維生素 E

鈣

材料圖

材料

香蕉	1 根
蜂蜜	5cc
熟綜合堅果	30g

粉漿

低筋麵粉	70g
糖	15g
椰奶	60cc
雞蛋	1 顆
冷開水	100cc

作法

➜ 粉漿調製：

將低筋麵粉、糖、椰奶、雞蛋、冷開水混合均勻。（圖1）

1 香蕉對切去皮（長約10cm），取玻璃紙攤平（保鮮膜、塑膠袋亦可），放上香蕉將玻璃紙反摺，利用刀面平均壓平香蕉。（圖2～4）

2 將壓平的香蕉均勻沾裹粉漿。（圖5）

3 以油溫160度炸至金黃色即可。（圖6～10）

4 取出濾乾油漬，盛盤擠上蜂蜜，撒上熟綜合堅果。（圖11～12）

1　2　3　4　5　6
7　8　9　10　11　12

懷孕初期推薦食譜／營養成分

海鮮富含蛋白質、鈣、鐵、鉀、磷，是非常不錯的食材選擇。

食材的營養成分

海鮮

材料圖

材料

菠菜	200g
雞蛋	4 顆
白蝦	6 隻
蛤蜊	100g
鮮菇	4 朵
罐頭玉米	30g
魚板	50g
牡蠣	50g

調味料

柴魚昆布高湯	200cc/600cc/100cc
薄口醬油	25cc/10cc
清酒	5cc
太白粉	少許
鹽	少許

➔ 柴魚昆布高湯作法可參考 P.49。

作法

1 菠菜洗淨，加入 200cc 高湯以果汁機打碎打勻，用濾網濾掉渣，濾下的菠菜汁再加入 600cc 高湯混合。（圖 1 ~ 3）

2 雞蛋打散，加入步驟1菠菜柴魚高湯、25cc 薄口醬油、清酒調勻，過濾備用。（圖 4）

3 白蝦去殼，挑沙筋；蛤蜊吐沙洗淨，燙熟剝肉；鮮菇洗淨切塊。（圖 5 ~ 6）

4 將蛤蜊、鮮菇排入蒸皿，將調好蛋汁加到 7 分滿，入蒸籠小火蒸 20 分鐘。（圖 7 ~ 8）

5 牡蠣裹上適量太白粉燙熟，白蝦燙熟，魚板燙熟。（圖 9 ~ 11）

6 將 100cc 高湯、10cc 薄口醬油、少許鹽，煮滾芶薄芡。（圖 12）

7 取出蒸好茶碗蒸，排上燙好食材、玉米，淋上芡汁即可。（圖 13 ~ 14）

懷孕初期推薦食譜／營養成分

南瓜含有維生素 A、維生素 B、維生素 C、鈣、鋅、磷、鎂。

食材的營養成分

南瓜

 鈣　維生素A

 鋅　維生素B

 磷　維生素C

鎂

材料圖

材料

雞胸肉	150g
洋蔥	30g
南瓜	100g
雞高湯	300cc

調味料

無鹽奶油	15g
牛奶	50cc
動物性鮮奶油	10cc
糖	3g
鹽	1g
白胡椒粉	適量
橄欖油	5cc
新鮮巴西利葉	適量

雞胸肉配料

洋蔥	30g
西芹	50g
紅蘿蔔	50g
蒜	5g
新鮮迷迭香	適量
新鮮百里香	適量
月桂葉	適量
鹽	1g
白胡椒粉	適量

作法

1. 將洋蔥、西芹、紅蘿蔔、蒜切小（或以果汁機打碎），加入新鮮迷迭香、新鮮百里香、月桂葉混合備用。（圖1）

2. 雞胸肉洗淨，抹鹽、白胡椒粉，將步驟1加入100cc水（配方外）浸泡雞胸肉15分鐘。（圖2）

3. 烤箱預熱180度，將上述材料先以蔬菜鋪底，再放上雞胸肉，入烤箱烤約25分鐘（每10分鐘取出刷一次奶油），熟成後取出切丁。（圖3～5）

4. 巴西利葉切碎擠乾，南瓜蒸熟壓泥，洋蔥切末備用；以無鹽奶油將洋蔥炒熟，加入南瓜泥、雞高湯。（圖6～8）

5. 加入牛奶、動物性鮮奶油、糖、鹽、白胡椒粉調味煮滾，以適量麵粉水（配方外）勾芡，起鍋入容器，放上雞丁、橄欖油、巴西利葉碎，即可食用。（圖9～12）

PART

2

月子餐

為了哺育幼兒、恢復體力，坐月子期間的飲食調養亦不可輕忽，跟著本單元的推薦食譜，您也可以輕鬆製作不油膩、美味又營養的月子餐料理。

本書食譜經常會以「勾芡」增加料理的美感與口感,在開始料理前我們先簡單了解勾芡的手法與注意事項。

本書中的勾芡、勾薄芡,意為加入適量太白粉水(或麵粉水)至料理中,翻炒均勻後食物表層會出現輕薄透明的芡汁,是為勾芡。

太白粉水勾芡比例:將太白粉及淨水以 1:1 混合均勻。

麵粉水勾芡比例:將麵粉及淨水以 1:1 混合均勻。

勾芡用量會依食材多寡而有所增減,加太多會太稠,太少則無感,建議初學者先加入少許,慢慢抓手感,培養對份量的敏感度。

忌口

生冷食品如冰類，任何冰的食物和飲料都不適宜，蔬菜類如竹筍、白菜、白蘿蔔，海鮮類如螃蟹，辛辣等刺激性食物如辣椒，忌食過鹹、燥熱食物如炸物。

食用建議

此餐品組合建議在第 1～2 週能食用兩至三餐，其餘皆可自行搭配，唯獨在前 2 週須避開人參及花旗參（西洋參），產後第 3 週方可開始搭配人參及花旗參食用。

材料圖

材料		調味料	
麵線	400g	苦茶油	60cc
老薑	80g	米酒	適量
枸杞	3g	鹽	少許
青江菜	2 株		
海苔粉	少許		

作法

1 老薑切末或切細絲，枸杞泡米酒備用，青江菜洗淨修整。（圖 1～3）

2 燒開一鍋水將麵線煮熟，濾乾水分拌油備用（拌油可避免麵線黏在一起），青江菜燙熟。（圖 4～7）

3 鍋子加入苦茶油、薑末以小火爆炒香，加入少許水（配方外）、枸杞、米酒，入鍋煮勻，最後以鹽調味。（圖 8～9）

4 取容器倒入麵線拌勻，放上青江菜，撒上海苔粉即可。（圖 10～11）

苦茶油麵線

月子餐推薦食譜

第1週

第2週

第3週

第4週

第5週

第6週

第3至6週

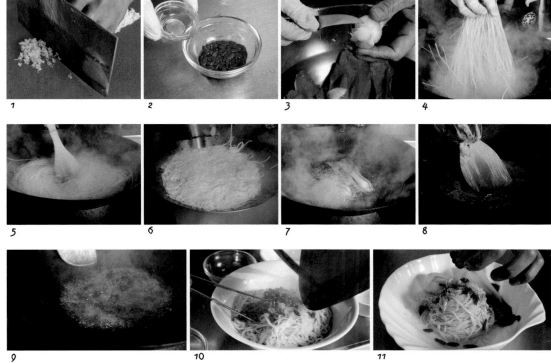

1　　　　　2　　　　　3　　　　　4

5　　　　　6　　　　　7　　　　　8

9　　　　　10　　　　　11

材料圖

材料		調味料	
老薑	80g	胡麻油	80cc
杏鮑菇	100g	米酒	150cc
枸杞	2g	鹽	少許
豬腰子	1付	冰糖	適量

作法

1 豬腰子洗淨，對剖去除內部雜質，先切花刀再切片（處理時可泡冰塊或沖活水保鮮），燙 8 分熟備用。（此為腰花；圖 1 ~ 8）

2 枸杞泡米酒備用，杏鮑菇洗淨切片，老薑切片。（圖 9 ~ 10）

3 熱鍋加入胡麻油，以小火將薑片煸炒香，加入杏鮑菇、米酒、枸杞、150cc 水（配方外）、腰花煮開，加入鹽、冰糖調味。（圖 11 ~ 13）

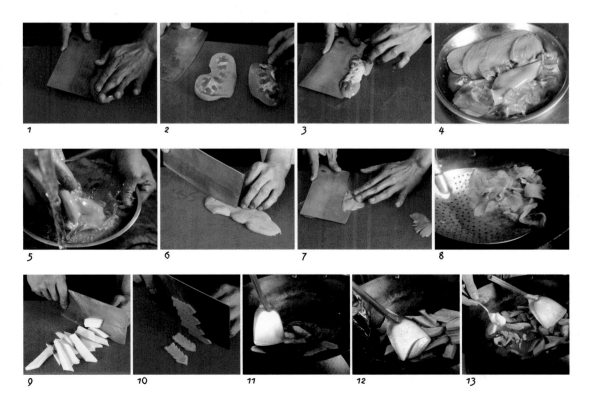

1   2   3   4

5   6   7   8

9   10   11   12   13

材料圖

材料		調味料	
白山藥	120g	沙拉油	10cc
紅甜椒	40g	鹽	少許
黃甜椒	40g	糖	少許
豌豆	少許	太白粉	少許
薑	3g		
青蔥	1 支		

作法

1 白山藥去皮切條，起一鍋水加入鹽煮開，川燙白山藥備用；豌豆切除頭尾燙熟。（圖 1 ~ 5）

2 紅甜椒、黃甜椒切長條，薑切片，青蔥切段。（圖 6 ~ 9）

3 以沙拉油熱鍋，爆香薑片、蔥段，加入白山藥、紅甜椒、黃甜椒、豌豆、60cc 水（配方外）炒勻，加入鹽、糖調味，最後勾薄欠即可。（圖 10 ~ 11）

4 盛盤即可食用。（圖 12）

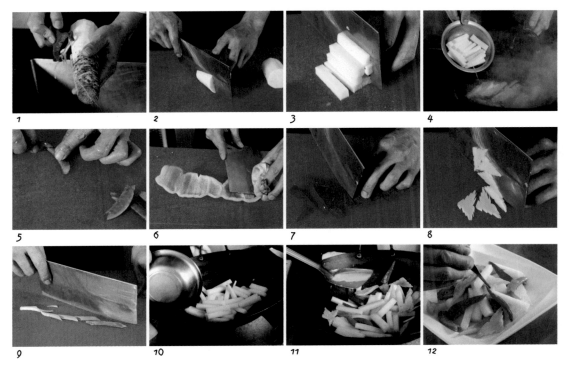

紅豆小米粥

紅豆可補血、利尿、解毒,小米可滋陰養血。

材料圖

材料		調味料
紅豆	200g	冰糖 80g(酌量)
小米	300g	

電鍋作法

1 小米、紅豆分別泡開瀝乾。(圖 1 ~ 3)

2 將小米、紅豆、2000cc 水(配方外)放入電鍋內鍋,外鍋加入 200cc 水,煮至電鍋跳起,跳起後外鍋再加入 200cc 水,重複蒸煮動作第二次,至食材熟成。(圖 4 ~ 5)

➜ 電鍋跟水煮製作配方略有不同,因水煮的水會稀釋、蒸發,電鍋不會,因此電鍋的水在用量上會少一些。

3 鍋子放入紅豆小米粥,續煮至稠,加入冰糖調味即可。(圖 6)

水煮作法

1 紅豆泡水 2 小時,將紅豆、3000cc 水(配方外)一起煮至水開,轉小火煮至紅豆漲裂。

2 加入洗淨小米,煮至小米變軟,續煮至稠再加入冰糖調味。

杜仲可抗菌消炎、抗衰老，紅棗可補中益氣，薑可增食慾，緩衰老，冰糖可養陰生津，潤肺止咳。

材料圖

材料		調味料	
杜仲	70g	水	3000cc
紅棗	30g	冰糖	60g
薑	10g		

作法

1 薑切片備用。

2 將杜仲、紅棗、薑片加水煮開，轉小火，煮至約一半水量，加入冰糖調味。（圖 1 ～ 5）

3 濾去中藥渣即可食用。

1   2   3   4   5

第1週
第2週
第3週
第4週
第5週
第6週
第3至6週

忌口

生冷食品如冰類，任何冰的食物和飲料都不適宜，蔬菜類如竹筍、白菜、白蘿蔔，海鮮類如螃蟹，辛辣等刺激性食物如辣椒，忌食過鹹、燥熱食物如炸物。

食用建議

此餐品組合建議在第 1 ～ 2 週能食用兩至三餐，其餘皆可自行搭配，唯獨在前 2 週須避開人參及花旗參（西洋參），產後第 3 週方可開始搭配人參及花旗參食用。

材料圖

材料		調味料	
糙米	250g	水	2500cc
紅棗	10 顆	鹽	少許
排骨	150g		
青蔥	1 支		

作法

1 排骨剁小塊，川燙去除血水；蔥切蔥花備用。（圖 1 ～ 4）

2 糙米洗淨，加水煮開轉小火，加入紅棗及排骨，將糙米煮至稠後加入鹽調味，撒上蔥花。（圖 5 ～ 7）

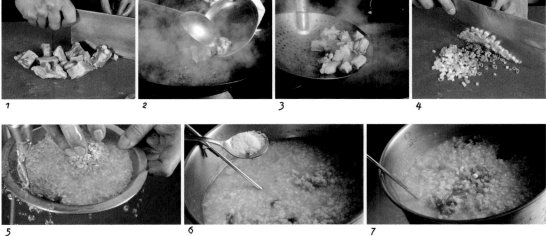

1

2

3

4

5

6

7

第1週

第2週

第3週

第4週

第5週

第6週

第3至6週

當歸黃耆豬腳湯

月子餐推薦食譜

第1週
第2週
第3週
第4週
第5週
第6週
第3至6週

當歸可補血，黃耆可補氣虛、益氣。

材料圖

材料		調味料	
豬腳	600g	水	3500cc
薑	10g	米酒	適量
當歸	8g	鹽	少許
黃耆	6 片		
枸杞	2g		

作法

1 豬腳剁小塊，洗淨川燙去除血水備用；薑切片。（圖 1 ～ 4）

2 將水、米酒、當歸、黃耆、枸杞、薑片、豬腳同煮，水開後轉小火，續煮至豬腳軟。
（圖 5 ～ 6）

3 煮至豬腳軟時，加入鹽調味即可。（圖 7 ～ 8）

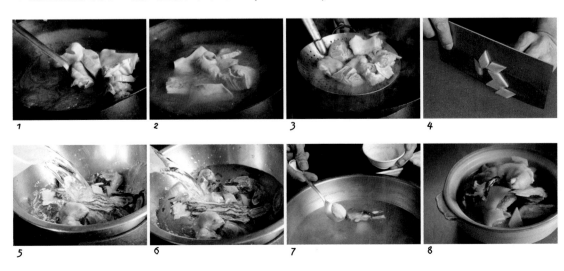

1 2 3 4

5 6 7 8

材料圖

材料		調味料	
絲瓜	600g	胡麻油	適量
雞蛋	3 顆	鹽	少許
薑	15g	太白粉	少許
枸杞	少許		

作法

1 絲瓜去除皮、老瓜瓤（中間籽的部份）切塊備用；薑切片。（圖1）

2 雞蛋打散，起鍋入胡麻油，將蛋炒成蛋塊。（圖2～3）

3 起油鍋以胡麻油炒香薑，加入絲瓜、少許水（配方外），炒至略軟後加入蛋塊翻炒，加入枸杞、鹽調味，最後勾薄欠。（圖4～7）

4 盛盤即可食用。

1

2

3

4

5

6

7

第1週
第2週
第3週
第4週
第5週
第6週
第3至6週

地瓜紅豆湯

紅豆可消除浮腫，地瓜可促進排便。

材料圖

材料		調味料	
地瓜	600g	糖（或冰糖）	80g
紅豆	400g		

作法

1 紅豆先泡水 2 小時，瀝乾備用；入鍋以配方外 2000cc 水煮，水開即轉小火。（圖 1）

2 地瓜去皮切塊，加入紅豆湯續煮，煮至紅豆及地瓜軟，加糖調味即可。（圖 2 ～ 4）

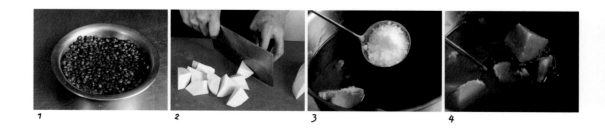

第1週
第2週
第3週
第4週
第5週
第6週
第3至6週

紅棗可補氣，桂圓可促進食慾，黃耆可強壯脾胃，枸杞可強化視力。

材料圖

材料		調味料	
紅棗	12 顆	水	1200cc
桂圓肉	50g		
黃耆	30g		
枸杞	5g		

作法

1 鍋子加入紅棗、桂圓肉、黃耆、枸杞、水，以小火煮30分鐘。(圖1 ～ 2)

2 盛起即可食用。

忌口

生冷食品如冰類，任何冰的食物和飲料都不適宜，蔬菜類如竹筍、白菜、白蘿蔔，海鮮類如螃蟹，辛辣等刺激性食物如辣椒，忌食過鹹、燥熱食物如炸物。

食用建議

此餐品組合建議在第 3 ～ 6 週能食用兩至三餐，其餘月子餐料理皆可自行搭配。

材料圖

材料		調味料	
雞蛋	2 顆	胡麻油	60cc
乾麵條	100g	米酒	適量
花椰菜	50g	枸杞	少許
薑	5g	鹽	少許

作法

1 燒開一鍋水，放入乾麵條煮熟，撈起，瀝乾後拌入少許油備用（拌油可避免麵條黏在一起）；花椰菜剃除老梗燙熟，薑切絲。（圖 1 ～ 5）

2 起油鍋，以胡麻油將薑絲炒香，加入雞蛋，待雞蛋成形後加入米酒、100cc 水（配方外）、枸杞，最後以鹽調味。（圖 6 ～ 10）

3 盛盤，先放上麵條、花椰菜，再放上雞蛋即可。（圖 11 ～ 12）

1
2
3
4
5
6
7
8
9
10
11
12

第1週
第2週
第3週
第4週
第5週
第6週
第3至6週

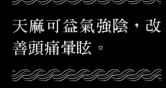

天麻可益氣強陰，改
善頭痛暈眩。

材料圖

材料		調味料	
鱸魚	1 條	米酒	適量
天麻	10g	鹽	少許
薑	6g		
青蔥	1 支		
水	2000cc		

作法

1 薑切絲；青蔥切段，分蔥白、蔥綠備用。

2 將天麻、水一起煮滾，轉小火，煮 20 分鐘至藥材味道釋放（此為湯汁）。（圖 1）

3 鱸魚去除鰓、鱗、內臟，切五刀（不可切斷），入滾水川燙去除血水。（此方法在完成魚湯後，魚不會散架；圖 2 ~ 4）

4 將煮好的湯汁加入薑絲、蔥白，續加入鱸魚，以米酒、鹽調味，起鍋前加入蔥綠。（圖 5 ~ 9）

5 盛盤即可食用。

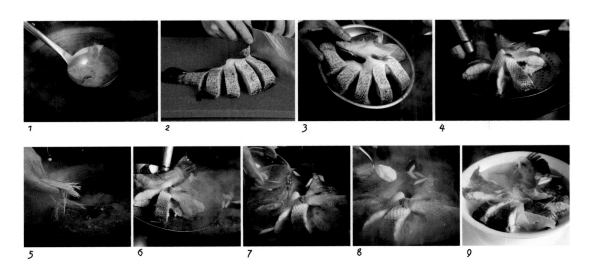

1　　2　　3　　4

5　6　7　8　9

第 1 週
第 2 週
第 3 週
第 4 週
第 5 週
第 6 週
第 3 至 6 週

材料圖

材料		調味料	
地瓜葉	400g	芝麻油	少許
蒜	8g	醬油	10cc
紅蔥	3g	糖	2g
		鹽	少許

作法

1 蒜、紅蔥切末；地瓜葉挑除粗梗留嫩葉，煮一鍋水加入少許鹽、油，燙熟地瓜葉。（圖 1 ~ 4）

2 鍋子加入芝麻油爆香蒜末、紅蔥末，加入醬油、糖、鹽調味炒勻，將調味好的汁淋上地瓜葉即可。（圖 5 ~ 8）

1　2　3　4

5　6　7　8

薏仁桂圓粥

材料圖

薏仁可健脾潤膚、促進代謝，桂圓可養血。

材料

薏仁	300g
桂圓肉	60g
枸杞	5g

調味料

冰糖	80g

作法

1 薏仁洗淨泡水 1 小時，瀝乾備用；鍋子加入薏仁、4000cc 水（配方外）煮開，轉小火續煮 25 分鐘。（圖 1）

2 加入桂圓肉、枸杞，煮約 15 分鐘，至薏仁變軟加入冰糖，煮勻即可。（圖 2 ～ 4）

1　　　　　2　　　　　3　　　　　4

第1週

第2週

第3週

第4週

第5週

第6週

第3至6週

材料圖

山楂補脾健胃，紅糖健脾暖胃。

材料

乾山楂	120g

調味料

水	1100cc
紅糖	適量

作法

1 乾山楂泡水 1 小時，濾乾備用。（圖 1 ~ 3）

2 將山楂、水一起煮開，轉小火煮 30 分鐘，再加入紅糖調勻。（圖 4 ~ 5）

3 盛碗皿即可食用。

1　　2　　3　　4　　5

忌口

生冷食品如冰類，任何冰的食物和飲料都不適宜，蔬菜類如竹筍、白菜、白蘿蔔，海鮮類如螃蟹辛辣等刺激性食物如辣椒，忌食過鹹、燥熱食物如炸物。

食用建議

此餐品組合建議在第 3～6 週能食用兩至三餐，其餘月子餐料理皆可自行搭配。

材料圖

材料		調味料	
白米	220g	太白粉	
薑	15g	30g	
紅蘿蔔	20g	沙拉油	100cc
豬肝	200g	水（或高湯）	1200cc
青蔥	1 支	鹽	適量
		白胡椒粉	少許
		芝麻香油	少許

作法

1 豬肝洗淨切薄片，撒上太白粉抓勻，浸泡沙拉油 30 分鐘，沙拉油須蓋過豬肝片，川燙備用。（圖 1～4）

2 薑切絲，青蔥切蔥花，紅蘿蔔切片。（圖 5～6）

3 白米以乾鍋炒出米香，加入水或高湯，大火煮滾後轉小火，加入薑絲及紅蘿蔔片，煮至米粒軟化，加入燙好豬肝，以鹽、白胡椒粉調味。（圖 7～10）

4 起鍋前撒上蔥花，滴芝麻香油提香即可。（圖 11）

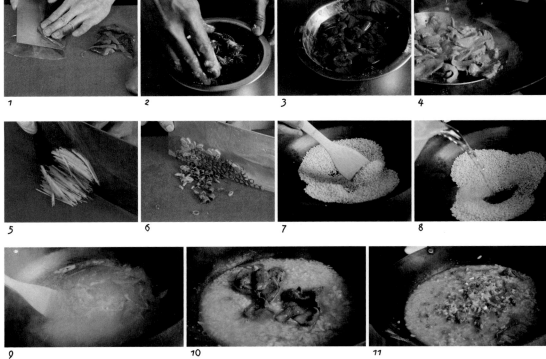

1   2   3   4

5   6   7   8

9   10   11

第1週
第2週
第3週
第4週
第5週
第6週
第3至6週

四神排骨湯

淮山可補養元氣，芡實可補脾去濕，蓮子可補中，益氣，茯苓可補益心臟、腎。

材料圖

材料		調味料	
淮山	40g	米酒	60cc/20cc
芡實	50g	鹽	適量
蓮子	50g		
茯苓	40g		
排骨	600g		
薑	10g		

作法

1 薑切片；排骨剁塊洗淨，川燙去除雜質。（圖 1 ~ 2）

2 將所有中藥材及排骨、薑、60cc 米酒、1300cc 水（配方外），放入電鍋內鍋，外鍋加入 1 杯水煮熟。（圖 3 ~ 4）

3 電鍋跳起後，加入鹽、剩餘米酒調味即可。（圖 5）

1   2   3   4   5

甜豆白果

月子餐推薦食譜

白果可潤肺化痰。

材料圖

材料		調味料	
薑	10g	沙拉油	適量
青蔥	1 支	鹽	少許
白果	8 粒	米酒	少許
荷蘭豆	200g		
紅甜椒	30g		

作法

1 白果水煮減低苦味，煮至微微裂開備用。

2 荷蘭豆去除老纖維，蔥切蔥白段，薑切小片，紅甜椒切條。（圖 1）

3 鍋子放入沙拉油爆香薑片、蔥白，加入白果、荷蘭豆、紅甜椒翻炒均勻，以鹽、米酒調味。（圖 2 ～ 5）

4 盛盤即可食用。（圖 6）

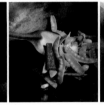

1　2　3　4　5　6

121

黑糖燒麻糬

材料圖

材料		調味料	
糯米粉	200g	細砂糖	40g
薑	50g	黑糖	150g
枸杞	2g	沙拉油	少許
紅豆餡	80g		

作法

1 薑切片備用；糯米粉加入 200cc 水（配方外）、細砂糖，攪拌成麻糬粉糰，放入電鍋內鍋，外鍋加 100cc 水，煮至電過跳起，熟成後取出放冷。（圖 1 ~ 4）

2 薑片加入 1300cc 水（配方外）煮 25 分鐘，加入枸杞、黑糖，轉小火。（圖 5 ~ 7）

3 紅豆餡搓圓，手沾少許沙拉油，將蒸好麻糬分成小等份，包入紅豆餡。（圖 8 ~ 12）

4 將麻糬加入黑糖汁，煮滾熄火即可。（圖 13）

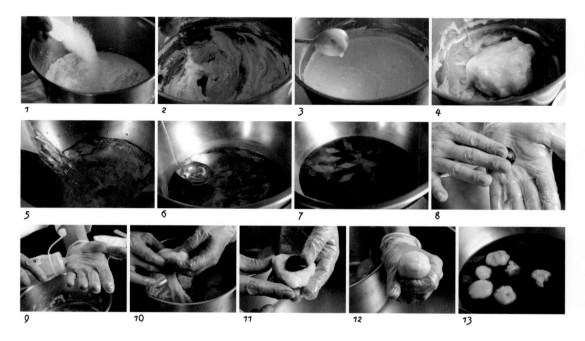

易乳飲

月子餐推薦食譜

黑豆可催乳，黃耆可提高免疫力，枸杞可潤澤肺臟。

材料圖

材料		調味料	
黑豆	100g	水	2000cc
黃耆	10g	冰糖	100g
枸杞	5g		

作法

1 黑豆使用前泡一夜 (最少 4 小時)，與黃耆加水煮滾，轉小火。(圖 1)。

2 煮 20 分鐘後加入枸杞，續煮 20 分鐘，加入冰糖煮勻，熄火。(圖 2 ~ 3)

3 盛盤即可食用。

1　　　　　2　　　　　3

忌口

生冷食品如冰類，任何冰的食物和飲料都不適宜，蔬菜類如竹筍、白菜、白蘿蔔，海鮮類如螃蟹，辛辣等刺激性食物如辣椒，忌食過鹹、燥熱食物如炸物。

食用建議

此餐品組合建議在第 3～6 週能食用兩至三餐，其餘月子餐料理皆可自行搭配。

材料圖

材料		調味料	
白米	300g	白胡椒粉	適量
魩仔魚	80g	鹽	少許
海藻	80g	米酒	少許
芹菜	20g	芝麻香油	適量

作法

1 魩仔魚洗淨，海藻洗淨，芹菜切珠備用。（圖 1～2）

2 起鍋加入白米、白胡椒粉、1200cc 水（配方外）一起煮至水滾，轉小火，煮 10 分鐘加入魩仔魚，再煮 5 分鐘加入海藻，以鹽、米酒調味。（圖 3～6）

3 起鍋前加入芹菜、芝麻香油，盛盤即可食用。（圖 7）

第1週

第2週

第3週

第4週

第5週

第6週

第3至6週

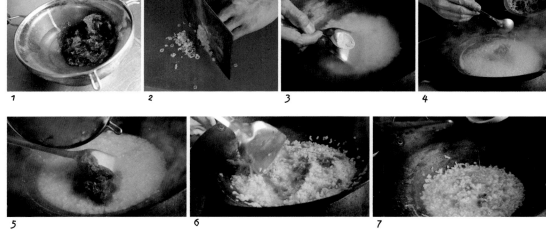

1

2

3

4

5

6

7

補氣燉雞湯

材料

材料		調味料	
仿雞大腿	250g	米酒	適量
黨參	20g	鹽	少許
茯苓	20g		
紅棗	10 粒		
白山藥	200g		
老薑	5g		

黨參補中益氣，茯苓利尿、安定心神，
紅棗養脾胃，治虛勞。

作法

1 仿雞大腿剁塊，川燙備用；白山藥去皮切塊，老薑切片。（圖1～4）

2 將所有食材及中藥、米酒放入電鍋內鍋，加入約 1300cc 水（配方外）蓋過食材，
外鍋放入 1 杯水，煮熟。（圖5～6）

3 電鍋跳起後加入鹽調味，盛盤即可食用。（圖7～8）

材料圖

材料		調味料	
薑	10g	沙拉油	30cc
青蔥	1 支	鹽	少許
鮮菇	40g	米酒	適量
紅甜椒	1/4 顆		
菠菜	300g		

作法

1 菠菜洗淨切段，青蔥切段，薑切細絲，鮮菇、紅甜椒切條。（圖 1 ~ 2）

2 鍋中放入沙拉油、薑絲、蔥爆香，加入鮮菇、紅甜椒略炒，加入菠菜、少許水（配方外）、鹽、米酒調味炒勻。（圖 3 ~ 7）

3 盛盤即可食用。（圖 8）

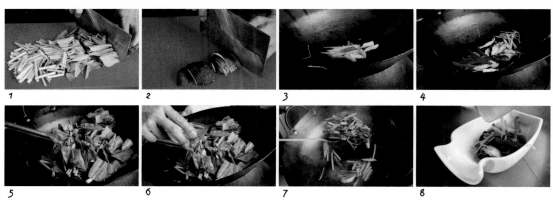

桂花核桃糊

核桃活絡胃腸，桂花養生潤肺。

材料圖

材料

核桃	80g	桂花蜜	適量
冰糖	50g	太白粉	適量

作法

1 核桃烤熟備用，以刀切碎或以調理機打碎。（圖 1 ~ 2）

2 鍋子加入 500cc 水（配方外），加入核桃碎煮滾，轉小火煮勻。（圖 3 ~ 4）

3 加入冰糖煮勻，勾芡，起鍋前加入桂花蜜即可。（圖 5 ~ 7）

益母飲

月子餐推薦食譜

杜仲強健筋骨,桑寄生補益腎臟,何首烏補益氣血、烏黑髮色。

材料圖

材料		調味料	
紅棗	10 粒	水	1000cc
杜仲	36g		
桑寄生	18g		
何首烏	18g		

→ 可加 1 兩冬蟲夏草

作法

1 將所有材料與 1000cc 水(配方外)一起煮,水滾後轉小火,煮至剩約 500cc 即可。(圖 1 ~ 2)

2 盛盤即可食用。(圖 3 ~ 4)

1　　2　　3　　4

忌口

生冷食品如冰類，任何冰的食物和飲料都不適宜，蔬菜類如竹筍、白菜、白蘿蔔，海鮮類如螃蟹，辛辣等刺激性食物如辣椒，忌食過鹹、燥熱食物如炸物。

食用建議

此餐品組合建議在第 3～6 週能食用兩至三餐，其餘月子餐料理皆可自行搭配。

材料圖

材料		調味料	
仿雞腿	600g（1支）	胡麻油	50cc/50cc
老薑	150g	米酒	600cc
紅棗	8 粒		
枸杞	1g		

作法

1 仿雞腿剁塊，洗淨瀝乾水份；老薑切片備用。（圖 1）

2 紅棗浸泡少量的水，讓紅棗吸滿水份；枸杞泡米酒備用。（圖 2）

3 熱鍋加入 50cc 胡麻油，將雞肉煸炒至皮焦黃，取出。（圖 3～5）

4 原鍋加入剩餘胡麻油，以小火煸炒老薑，炒至乾扁、薑味釋出，將雞肉加入同炒。（圖 6～7）

5 炒勻，加入米酒、紅棗、枸杞、600cc 水（配方外）、適量的鹽及冰糖（配方外）調味，最後以中火續煮 8 分鐘即可。（圖 8～11）

6 盛盤即可食用。（圖 12）

麻油雞

月子餐推薦食譜

1 2 3 4

5 6 7 8

9 10 11 12

第1週
第2週
第3週
第4週
第5週
第6週
第3至6週

材料圖

材料		調味料	
薑	20g	太白粉	30g
青蔥	1 支	沙拉油	100cc
牛番茄	2 顆	鹽	1g
豬肝	200g	米酒	20cc
菠菜	300g	白胡椒粉適量	
		芝麻香油適量	

作法

1 豬肝洗淨切薄片，撒上太白粉抓勻，再浸泡沙拉油 30 分鐘，沙拉油須蓋過豬肝片，川燙備用。（圖 1 ~ 3）

2 牛番茄切片，菠菜洗淨切段，青蔥切段，分為蔥白、蔥綠備用，薑切絲備用。（圖 4 ~ 5）

3 起鍋，加入 1000cc 水（配方外）燒熱，加入薑絲、蔥白，水滾後加入牛番茄片關中小火，加入豬肝及菠菜葉，以鹽、米酒、白胡椒粉調味。（圖 6 ~ 11）

4 起鍋前加入蔥綠、芝麻香油（配方外），即可食用。（圖 12）

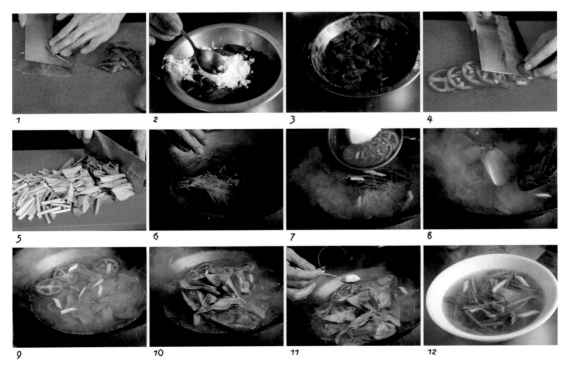

材料圖

材料

薑	15g
紅鳳菜	300g
枸杞	1g

調味料

胡麻油	適量
米酒	少許
鹽	少許

作法

1 紅鳳菜洗淨，去除老梗；薑切絲，枸杞泡米酒備用。（圖 1 ～ 3）

2 鍋子加入胡麻油爆香薑絲，加入紅鳳菜、枸杞、米酒炒勻，加入鹽調味即可。（圖 4 ～ 6）

3 盛盤即可食用。（圖 7）

1

2

3

4

5

6

7

枸杞酒釀湯圓

酒釀可暖胃益心血。

材料圖

材料		調味料	
酒釀	60g	糖	60g
湯圓	200g	太白粉	少許
枸杞	1g		
雞蛋	1 顆		

作法

1 湯圓以滾水煮至熟成浮起，撈出備用。（圖1）

2 雞蛋打散攪勻備用。

3 鍋子加入酒釀、800cc 水（配方外）煮開，加入湯圓、糖。（圖2～4）

4 煮至湯圓再次浮起加入枸杞，以太白粉水勾芡，最後均勻淋上蛋液即可。（圖5～7）

發乳飲

木瓜的凝乳酶具有通乳作用，發乳飲可幫助母體乳腺通暢。

材料圖

材料

黨參	22g	當歸參	14g	白芍	7g
木通	8g	黃耆	11g	當歸鬚	11g
川芎	10g	路路通	11g	青木瓜	50g
甘草	4g	白术	22g		

作法

1 青木瓜去皮，切塊備用。（圖1）

2 將所有材料放入鍋中，倒入 7 碗水（約配方外 1400cc 水）一起煮滾。（圖2）

3 水開後轉小火，煮至湯汁剩約 1 碗水（200cc）即可飲用。（圖3）

1　　　　2　　　　3

137

枸杞糙米黃豆飯

材料圖

材料

材料	
糙米	150g
黃豆	80g
紅豆	30g
枸杞	5g

作法

1 先將糙米、黃豆、紅豆泡水一夜，濾乾備用。（圖 1 ~ 4）

2 將所有材料放入內鍋，食材與水的比例約為 1：1.5（約配方外 400cc 水），外鍋加入 1 杯水，入電鍋煮熟即可。（圖 5 ~ 7）

四物雞湯

月子餐推薦食譜

川芎可疏通血絡，熟地可養精血，補肝腎，白芍可護肝。

材料圖

材料

仿雞腿	250g
當歸	10g
川芎	4 片
熟地	10g
白芍	10g
薑	5g

調味料

| 米酒 | 少許 |
| 鹽 | 適量 |

作法

1 薑切片備用；仿雞腿洗淨剁塊，川燙去除雜質。（圖 1 ～ 4）

2 將所有材料、米酒、1500cc 水（配方外）放入電鍋內鍋，外鍋加入 1 杯水入電鍋煮，待電鍋跳起加入鹽調味即可。（圖 5 ～ 7）

3 盛盤即可食用。（圖 8）

馬鈴薯肉末

材料圖

材料		調味料	
青蔥	1 支	沙拉油	適量
馬鈴薯	600g	鹽	少許
紅蘿蔔	100g		
絞肉	100g		

作法

1 馬鈴薯去皮切條，蔥切段，分為蔥白、蔥綠備用，紅蘿蔔切絲。（圖 1 ~ 3）

2 鍋子加入適量沙拉油，炒香絞肉備用。（圖 4 ~ 5）

3 鍋子加入適量沙拉油爆香蔥白，加入馬鈴薯、紅蘿蔔略炒，加入絞肉、150cc 水（配方外），炒煮至馬鈴薯軟化，加入鹽調味，起鍋前加入蔥綠即可。（圖 6 ~ 9）

芝麻可活化腦部，增強體力精力。

材料圖

材料		調味料	
黑芝麻	200g	糖	80g

作法

1 黑芝麻加入少許水煮軟，放冷，入果汁機打碎備用。（也可直接購買黑芝麻粉使用）

2 將打碎黑芝麻、200cc 水（配方外）以小火煮開，須邊煮邊攪動避免焦掉，最後加入糖煮勻即可。（圖 1 ~ 5）

3 盛入容皿即可食用。（圖 6）

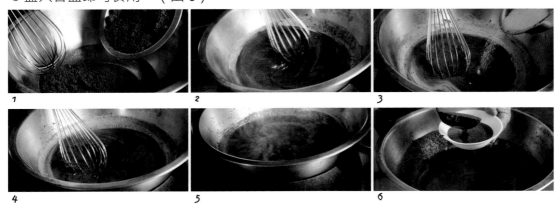

花旗枸杞紅棗茶

花旗參滋陰補氣、增強免疫力，枸杞補養肝臟，紅棗補血定神。

材料圖

材料

花旗參	6g
枸杞	10g
紅棗	5 顆
水	500cc

作法

1 將食材以水洗淨，沖洗後馬上撈出（勿洗太久）。

2 將所有材料放於保溫瓶，水煮開沖入，蓋上蓋子燜20分鐘即可。（圖 1～3）

1　2　3

紅麴麵線

月子餐推薦食譜

紅麴活血化瘀，健脾消食。

材料圖

材料		調味料	
麵線	150g	鹽	少許
紅麴	60g	胡麻油	20cc
豆苗	50g	米酒	20cc
薑	5g	芝麻香油	適量

作法

1 薑切末備用；麵線煮熟濾乾，加入紅麴拌勻。（圖 1 ~ 5）

2 準備一鍋水煮開，加入少許油、鹽，川燙豆苗。（圖 6）

3 鍋子加入胡麻油、薑末略炒，加入米酒、80cc 水（配方外）煮勻，起鍋前淋上芝麻香油。（圖 7 ~ 8）

4 淋入紅麴麵線、擺上豆苗即可食用。（圖 9）

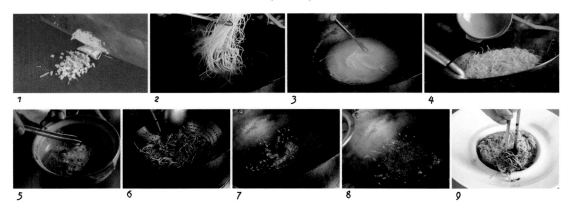

1　　2　　3　　4

5　　6　　7　　8　　9

八珍排骨湯

白朮強健腰膝，茯苓寧心安神，當歸促進血液循環，川芎活血，白芍護肝利腸，熟地益骨髓養精血，甘草補益元氣，紅棗養脾胃。

材料圖

材料

排骨	600g	川芎	9g
薑	5g	白芍	9g
人參鬚	9g	熟地	9g
白朮	9g	甘草	5g
茯苓	9g	紅棗（去核）5 顆
當歸	9g		

調味料

米酒	適量
鹽	適量

作法

1 薑切片備用；排骨剁塊洗淨，川燙去雜質。

2 將所有材料、米酒加入 1300cc 水（配方外）放入電鍋內鍋，外鍋加入 1 杯水入電鍋煮。（圖 1 ～ 2）

3 煮至電鍋跳起，以鹽調味即可。（圖 3）

1　　　　　　2　　　　　　3

材料圖

材料		調味料	
薑	10g	胡麻油	少許
川七	300g	米酒	適量
枸杞	3g	鹽	適量

作法

1 川七洗淨，摘除老蒂頭。（圖 1 ~ 2）

2 薑切絲，枸杞泡米酒。（圖 3 ~ 4）

3 鍋子加入胡麻油爆香薑絲，加入川七、枸杞、米酒，再加入少許水（配方外）翻炒均勻，最後加入鹽調味炒勻即可。（圖 5 ~ 7）

枸杞桂圓粥

圓糯米溫補脾胃，桂圓促進食慾，枸杞可補血，芝麻防止老化。

材料圖

材料		調味料	
圓糯米	300g	糖	適量
桂圓肉	60g		
枸杞	6g		
熟白芝麻	8g		

作法

1 圓糯米洗淨，加入 1500cc 水（配方外）煮開轉小火，加入桂圓肉，枸杞煮 30 分鐘。（圖 1 ～ 3）

2 加入糖、熟白芝麻煮勻，盛盤即可食用。（圖 4 ～ 5）

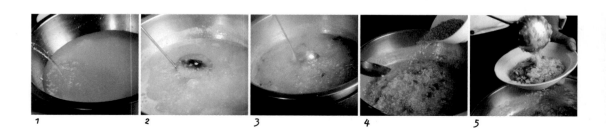

材料圖

材料		調味料	
乾白木耳	30g	水	1500cc
乾蓮子	30g	冰糖	10g
乾百合	30g		
紅棗	6 顆		

作法

1 乾白木耳、乾蓮子洗淨泡軟，乾百合以溫水泡軟。

2 白木耳、蓮子、水煮滾轉小火，煮 30 分鐘，加入百合、紅棗，小火煮 20 分鐘。（圖 1 ~ 3）

3 加入冰糖續煮 3 分鐘，盛盤即可食用。（圖 4 ~ 5）

1   2   3   4   5

五穀飯

材料圖

材料

糙米	60g	白米	200g
黃豆	60g	紫米	10g
薏仁	60g	水	600cc
麥片	60g		

作法

1 白米洗淨；糙米、黃豆、薏仁隔夜泡水備用。

2 濾乾水，將所有材料放入電鍋內鍋，材料與水比例約 1：1.5，穀物的需水量比白米多，水可視熟度酌量加減，外鍋加入 200cc 水，煮至電鍋跳起，續燜 15 分鐘即可。（圖 1 ～ 3）

3 盛盤即可食用。

1　　　　　　　2　　　　　　　3

黑豆排骨湯

月子餐推薦食譜

黑豆明目、解毒、烏髮，巴戟天強筋骨，祛風濕。

材料圖

材料

黑豆	70g
紅蘿蔔	150g
牛蒡	120g
薑	5g
排骨	600g
巴戟天	16g

調味料

| 米酒 | 少許 |
| 鹽 | 少許 |

作法

1 黑豆以乾鍋炒裂備用。

2 紅蘿蔔去皮切塊，牛蒡削皮切片，薑切片備用（牛蒡也可以刀背稍稍刮除外皮、擦上白醋）。（圖 1～2）

3 排骨剁塊，入滾水川燙去除雜質。（圖 3）

4 將所有材料、米酒、1300cc 水（配方外）放入電鍋內鍋，外鍋加入 1 杯水，煮熟，電鍋跳起後加入鹽調味。（圖 4～6）

1　2　3　4　5　6

枸杞皇宮菜

材料圖

材料		調味料	
薑	50g	胡麻油	40cc
皇宮菜	400g	米酒	20cc
枸杞	3g	鹽	少許

作法

1 枸杞泡米酒備用，皇宮菜洗淨切段，薑切片。（圖 1 ~ 3）

2 鍋子加入胡麻油爆香薑，放入皇宮菜炒勻，加入枸杞、米酒、鹽、少許水（配方外）調味炒勻即可。（圖 4 ~ 6）

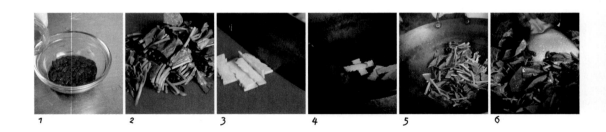

材料圖

材料		調味料	
薑	60g	黑糖	80g
地瓜	300g		

作法

1 地瓜去皮切塊，薑切片備用。（圖1）

2 鍋子加入薑、2000cc 水（配方外）煮開轉小火，加入地瓜煮至地瓜軟，加入黑糖調味煮勻即可。（圖 2 ~ 5）

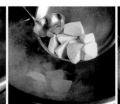

1　　2　　3　　4　　5

花旗玫瑰茶飲

花旗參清肺火，玫瑰花活血暢氣，紅棗補中益氣、養血生津。

材料圖

材料		調味料	
花旗參	6g	水	500cc
玫瑰花	2g		
紅棗	3 粒		

作法

1 所有材料放入保溫瓶，沖入燒滾熱水。（圖 1 ~ 2）

2 蓋上蓋子燜 20 分鐘，即可當茶飲。（圖 3）

1　　　　　　　2　　　　　　　3

材料圖

材料

材料		調味料	
麵線	200g	胡麻油	適量
薑	3g	米酒	少許
枸杞	少許	鹽	少許
雞蛋	2 顆		
海苔	1 片		
青蔥	1 支		

作法

1 薑切絲;雞蛋打散煎成蛋皮,切絲備用。(圖 1 ~ 6)

➔ 以紙巾在鍋底輕抹一層油,避免油流動亂跑,煎出的蛋皮才會漂亮。

2 海苔以剪刀剪成絲(或切成絲),蔥切蔥花,枸杞泡米酒備用。(圖 7 ~ 8)

3 煮一滾鍋水將麵線煮熟,撈起瀝乾,加入少許胡麻油略拌。(避免麵線黏在一起;圖 9 ~ 10)

4 將煮好的麵線盛盤;以胡麻油爆香薑,加入少許水(配方外)、米酒、枸杞及鹽調味煮勻,起鍋淋上麵線,放上蛋絲、海苔絲、蔥花即可。(圖 11 ~ 13)

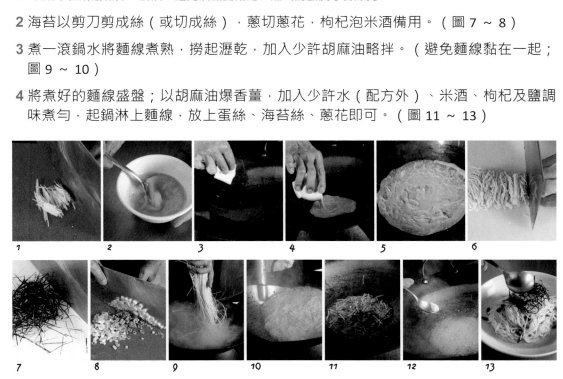

1　2　3　4　5　6
7　8　9　10　11　12　13

153

十全燉豬腳

材料

人參鬚	6g	茯苓	10g
熟地	10g	甘草	3 片
黃耆	6g	肉桂	5g
白术	10g	紅棗	6 粒
當歸	1 片	生薑	10g
芍藥	10g	豬腳	600g
川芎	3-4 片		

作法

1 豬腳剁好，入滾水川燙去除雜質備用；薑切片。（圖 1 ~ 2）

2 將所有材料與 50cc 米酒（配方外）、1500cc 水（配方外）放入電鍋內鍋，水須蓋過材料。（圖 3 ~ 5）

3 外鍋加入 1 杯水煮至電鍋跳起，外鍋再加入 1 杯水，待第二次跳起時加入適量鹽（配方外）調味即可。（圖 6 ~ 7）

→ 喜歡豬腳較軟的人，外鍋可再加一次水蒸製一次。

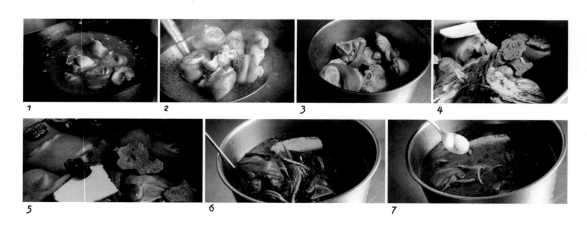

材料圖

材料		調味料	
青蔥	1 支	沙拉油	適量
薑	5g	鹽	少許
鴻喜菇	50g		
紅蘿蔔	10g		
綠花椰菜	100g		
白花椰菜	100g		

作法

1 綠花椰菜、白花椰菜去除老梗，川燙備用；紅蘿蔔切片川燙，鴻喜菇洗淨川燙。（圖 1～3）

2 蔥切段，分蔥白、蔥綠備用，薑切片。（圖 4）

3 鍋子加入沙拉油爆香蔥白、薑片，加入鴻喜菇、紅蘿蔔略炒，加入綠花椰菜、白花椰菜拌炒。（圖 5～6）

4 加入鹽調味炒勻，起鍋前加入蔥綠炒勻，盛盤即可食用。（圖 7～8）

紫米桂圓粥

紫米補中益氣，健脾養胃，桂圓可補氣血、安神志，枸杞明目滋補肝腎。

材料圖

材料		調味料	
紫米	200g	水	1200cc
桂圓肉	50g	冰糖	60g
枸杞	3g		

作法

1 紫米洗淨濾乾，與桂圓肉、水一起煮滾。（圖 1 ～ 2）

2 轉小火煮 10 分鐘，加入枸杞續煮 20 分鐘，加入冰糖調味，煮勻即可食用。（圖 3 ～ 4）

1   2   3   4

補氣生津飲

花旗參補氣養陰、生津止渴，麥門冬益胃生津，五味子補腎寧心，益氣生津。

材料圖

材料

花旗參	6g
麥門冬	10g
五味子	4g

調味料

水	1000cc

作法

1 鍋子加入花旗參、麥門冬、五味子、水，煮至水滾轉小火，續煮 30 分鐘。（圖 1 ～ 2）

2 盛起即可食用。（圖 3）

1　　　　2　　　　3

數位學習專業平台

上優好書網
會員招募

2024 最新強打課程

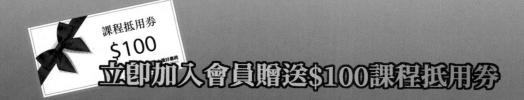

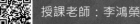
授課老師：李鴻榮

授課老師：鄭至耀、陳金民

授課老師：賴慶陽 Jason

授課老師：戴德和

授課老師：蘇俊豪

授課老師：鐘坤賜、周景堯

上優好書網
線上教學｜購物商城

加入會員
開課資訊

LINE客服

Cooking 9

懷孕健康月子餐

國家圖書館出版品預行編目 (CIP) 資料

懷孕健康月子餐 / 鄭至耀著 . -- 一版 . --

新北市 : 優品文化事業有限公司，2024.08

160 面 ; 19x26 公分 . -- (Cooking ; 9)

ISBN 978-986-5481-63-6(平裝)

1.CST: 食譜

427.1   113010380

作　　者	鄭至耀
總 編 輯	薛永年
美術總監	馬慧琪
文字編輯	蔡欣容
攝　　影	王永泰
協助製作	鄭佳豪、楊詩庭、謝富強、張宏甲
出 版 者	優品文化事業有限公司
	電話：(02)8521-2523
	傳真：(02)8521-6206
	Email：8521service@gmail.com （如有任何疑問請聯絡此信箱洽詢）
	網站：www.8521book.com.tw
印　　刷	鴻嘉彩藝印刷股份有限公司
業務副總	林啟瑞 0988-558-575
總 經 銷	大和書報圖書股份有限公司
	新北市新莊區五工五路 2 號
	電話：(02)8990-2588
	傳真：(02)2299-7900
網路書店	www.books.com.tw 博客來網路書店
出版日期	2024 年 08 月
版　　次	一版一刷
定　　價	380 元

上優好書網

LINE
官方帳號

Facebook
粉絲專頁

YouTube
頻道